# Un manuel des chiens jouets

## Comment les élever, les élever et les nourrir

Mme Leslie Williams

**Writat**

Cette édition parue en 2023

ISBN : 9789359254098

Publié par
Writat
email : info@writat.com

# Contenu

# PRÉFACE À LA TROISIÈME ÉDITION

Ce petit livre, dans ses éditions antérieures, a rencontré un accueil si uniformément aimable et si gracieux, que je suis encouragé à espérer qu'il pourra encore se faire de nouveaux amis à l'occasion de sa troisième parution. J'ai eu le plus grand plaisir d'entendre des correspondants dans de nombreux pays dire qu'ils l'ont trouvé aussi utile que je l'espérais d'un manuel entièrement tiré de mon expérience personnelle réelle.

Au cours des années qui se sont écoulées depuis que j'ai écrit pour la première fois sur les chiens, de merveilleux progrès ont été réalisés dans la science et la pratique vétérinaires. La chirurgie opératoire sous anesthésie est devenue presque aussi efficace pour soulager nos animaux de compagnie que pour atténuer nos propres misères. Cependant, de nombreuses maladies sont encore présentes chez les chiens, pour lesquelles il n'existe aucune garantie dans la nature, et qui pourraient être entièrement vaincues au cours de quelques générations, si les préjugés contre une alimentation naturelle et rationnelle étaient complètement abandonnés. Persuader les propriétaires de chiens d'essayer l'alimentation à la viande - une expérience honnête n'a jamais manqué de convaincre les plus sceptiques - a été mon effort constant , et je ne peux pas laisser le "Manuel du chien jouet" continuer son voyage sans en mettant une fois de plus l'accent sur le fait que le secret du propriétaire de chien qui réussit vraiment est très simple, épelé dans les quatre lettres – VIANDE. Je dois remercier de nombreux amis aimables pour leur aide en fournissant les illustrations, presque toutes les photos de chiens gagnants actuels, et des exemples non seulement de beauté et de points forts, mais aussi de santé parfaite. Je suis également grandement redevable à *The Illustrated Kennel News* pour le prêt de blocs et pour d'autres aimables courtoisies, ainsi qu'à *The Ladies' Field* , un journal consacré dans ses colonnes sur les chenils au meilleur intérêt des chiens.

ML WILLIAMS.

SWANSWICK , BATH ,
*5 mai 1910.*

# CHAPITRE 1

## CHIENS JOUETS POUR LE PROFIT

La question la plus fréquemment posée à propos des chiens jouets est peut-être de savoir si les garder comme plaisir et passe-temps peut être combiné avec le profit en les élevant et en les vendant. A une telle question, il est très difficile de donner une réponse définitive, pour cette raison : la rentabilité ou non de l'élevage de chiens de jouet dépend, d'une part, du caractère de l'entrepreneur et, d'autre part, de ce facteur impénétrable : le destin. Certains d'entre nous se consacrent à leurs chiens, se donnent sans cesse du mal pour eux et dépensent de l'argent pour eux librement, avec le plus mauvais rendement possible ; d'autres, sans faire autant d'histoires avec leurs animaux de compagnie, parviennent à produire à intervalles réguliers des portées saines et à les vendre à des prix rémunérateurs. Tout ce qu'on peut faire, c'est de proposer au novice « comment *ne pas* le faire », et de laisser à chacun individuellement les chances appelées chance, dont son étoile répond. En prenant une année sur l'autre, et en supposant de la patience, de la persévérance, de l'affection pour les chiens et quelques qualités commerciales chez l'aspirant, je suis d'avis que les chiens de jouet peuvent être amenés à payer leurs dépenses et à laisser une marge de profit ; ceci dans le cas des non-exposants. Lorsqu'on envisage d'exposer, l'élément chance est encore plus présent et un certain degré d'expérience, à la fois locale et générale, est essentiel au succès. Toutefois, si l'on réussit une fois à remporter des prix, les ventes de chiots deviennent beaucoup plus assurées et des prix plus élevés sont naturellement obtenus.

Comme moyen de gagner un petit revenu, l'élevage de chiens réussit parfois, à condition que l'éleveur possède des avantages en termes de logement convenable et beaucoup de temps à perdre, les aptitudes naturelles n'étant pas nécessaires ; mais j'hésiterais beaucoup à suggérer à une pauvre dame, sans expérience en matière de chiens, d'engager des capitaux dans une telle entreprise. Beaucoup de gens semblent possédés par l'idée qu'ils n'ont qu'à acheter une ou plusieurs chiennes (généralement ces dernières, car le novice est toujours enclin à se séparer au début de la surpopulation et du surpeuplement), et à les faire s'accoupler avec de bons animaux. -père connu, pour assurer une portée de chiots belle et saine, qui peuvent être immédiatement vendus à des prix élevés, ayant entre-temps été nourris avec des biscuits pour chiens et soignés, plus ou moins, par quiconque se trouve à la maison. Pas de plus grande erreur ! Si vous voulez réussir avec des chiens jouets, vous devez, en tout cas jusqu'à ce que vous ayez une expérience considérable et, en outre, la capacité de diriger les autres et de leur faire comprendre, ce qui n'est jamais une tâche facile, prendre soin des animaux vous-même, pas de manière spasmodique. , mais régulièrement ; veillez à ce qu'ils aient de l'exercice et une nourriture appropriée, en quantité et variété appropriées, et à des heures fixes et régulières ; il faut avoir l'œil toujours ouvert pour remarquer les moindres commencements de maladie, une vigilance que les domestiques, par exemple, ne peuvent jamais comprendre, encore moins pratiquer ; et enfin, vous devez vous fixer un objectif et vous y tenir avec persévérance, même si vous vous sentez souvent impatient et désespéré, et vous le ferez probablement. Ensuite, vous devez également être prêt à allaiter correctement les chiens si ou quand ils sont malades. Personne ne peut espérer être à l'abri de la maladie, chien ou homme, et de bons soins sont aussi nécessaires dans un cas que dans l'autre. Un chien jouet malade doit être gardé propre, caressé, assis, parlé et tenté par de belles choses, comme un bébé malade, car le petit esprit a beaucoup à voir avec le cadre tendre, et la douleur et la faiblesse ont besoin de sympathie et de réponse. à cela avec impatience. Une petite chienne jouet, habituée à voler vers son maître à chaque impulsion, ne peut pas être laissée seule à avoir des chiots, même si ses préparatifs difficiles, qui peuvent durer toute la nuit, sont plutôt fastidieux. Quelqu'un doit rester avec elle et la réconforter jusqu'à ce que ses ennuis soient terminés ; sinon, elle s'inquiétera et s'inquiétera jusqu'à ce que, lorsque les chiots apparaîtront, elle n'aura plus de lait pour eux.

Toutes ces petites exigences et nécessités peuvent paraître absurdes à ceux qui pensent qu'un chien est un chien et rien de plus ; mais nous avons créé génération après génération des jouets pour être en notre compagnie constante et les avons rendus presque humainement intelligents, alors que, naturellement, leurs petits cerveaux n'ont pas d'équilibre humain ; et qu'un chien jouet nerveux *ait* besoin d'une telle considération sera accordé, j'en suis sûr, par tous les éleveurs à succès. Dans le même temps, je ne préconise en aucun cas le système stupide de sur-animaux de compagnie et de suralimentation, par lequel les chiens peuvent devenir une nuisance pour eux-mêmes et pour tout le monde . Parce qu'il faut prendre soin d'un enfant, il ne s'ensuit pas qu'il doive être gâté : on doit lui mettre un chapeau sur la tête lorsqu'il sort au soleil, mais on n'a pas besoin de marcher à côté de lui en tenant un parapluie au-dessus de lui ; et il en va de même pour nos petits chiens : ils doivent être surveillés et soignés, mais ils n'ont pas besoin et ne doivent pas être dorlotés et ridiculisés.

Je n'ai pas d'opinion sur un chien qui ne sort pas parce qu'il pleut, préférant se rendre répréhensible dans la maison ; ou de celui qui laisse une petite proportion de biscuit dans son dîner et vient vous gratter le bras pour avoir plus de viande ; ou de celui qui se précipite vers le feu lorsqu'une promenade est suggérée par une journée fraîche. Des chiens comme celui-ci n'ont pas été correctement soignés ; ce n'est pas l'affection pour eux, cherchant leur bien-être, mais la simple bêtise qui est responsable de leurs manières d'indulgence. Heureusement , les chiens de jouet de ce genre sont de moins en moins courants et, en effet, dans le cas de quiconque désire les entretenir dans un but lucratif, de telles pratiques seraient découragées par intérêt personnel, car les chiens choyés ne sont pas ceux que l'on aime. se reproduisent librement et rendent justice à leurs chiots.

Lorsqu'il est nécessaire que les chiens paient leur place, il est de première nécessité que les dépenses inévitables liées au démarrage et à l'acquisition de l'expérience soient soigneusement étudiées. Ce n'est pas une mauvaise idée d'acheter un petit chien bon marché et de le faire passer par une portée avant de se lancer dans une race "payante", car dans ce cas, il est inutile d'espérer un retour à moins qu'un très bon prix n'ait été payé pour un stock de valeur. pour commencer. On voit parfois des jouets comme les Japs et les Poms annoncés à très bas prix ; et j'ai connu des gens qui étudiaient ces publicités avec des visions roses de « ramasser » une chienne d'une excellente souche, pour une guinée ou deux – avec quelques légers défauts, comme quelques poils blancs, pour la dévaloriser – d'élevage d'exposition de bétail. elle et gagner un peu de fortune. De telles opportunités gênent rarement le novice. Le meilleur départ qu'un éleveur potentiel sans aucune expérience puisse prendre est de se confier à quelqu'un qui a réussi, en achetant une jeune chienne issue d'une souche gagnante, même si elle peut présenter quelques défauts, au moins. un prix équitable - qui ne sera pas minime - et suivre les conseils de l'éleveur concernant l'accouplement, etc. Ce n'est en aucun cas un mauvais plan d'acheter un couple de jeunes chiots sans lien de parenté et de les élever. Nous en parlerons davantage dans le chapitre sur l'élevage.

Acheter des petits jouets importés ou sans pedigree pour l'élevage est une loterie complète. Les éleveurs étrangers sont extrêmement négligents en ce qui concerne leurs souches et on ne peut jamais compter sur la pureté du sang. Un autre point sur lequel il faut insister en ce qui concerne l'élevage de jouets rentable est la nécessité de la santé au chenil. Je dis chenil parce que c'est un mot utile, mais je suis loin de suggérer que les jouets de toute sorte devraient être conservés de la manière entendue par « avoir un chenil » chez les chiens plus gros. L'éleveur qui réussit le mieux est invariablement celui qui élève une ou deux, voire quatre ou cinq chiennes *de compagnie* , courant dans la maison en toute liberté et tout le bonheur de ses favorites personnelles , avec, peut-être, un chien aussi du genre. faire la fête. L'éleveur qui est le plus préoccupé par les problèmes de peau, les maladies de Carré, les longues factures de vétérinaire et toutes les dépenses, comme les régimes alimentaires malades, qui engloutissent les bénéfices, est celui qui a construit ou installé des « chenils », à n'importe quel prix, et les remplis de chiens.

---

# CHAPITRE II

## SUR L'ÉLEVAGE

Les très petites chiennes, et notamment celles appartenant à certaines races connues pour être « timides », non seulement sont souvent réticentes à se reproduire, mais il n'est pas rare qu'elles soient des mères très indifférentes, alors qu'il y a de grands risques pour la chienne lors de la mise bas, là où le le père est plus grand qu'elle, ou lorsque des chiens plus gros se trouvent dans l'ascendance immédiate de chaque côté. Pour ces raisons, les femelles couveuses sont toujours judicieusement choisies, de taille moyenne, et accouplées à de très petits chiens. Dans toutes les races qui entrent dans la catégorie des jouets, la petitesse est un désir, mais la pratique de la consanguinité à laquelle on a largement eu recours ne peut être trop sévèrement condamnée ; tandis que l'idée tout aussi erronée d'atteindre ce but en sous-alimentant les chiots a également contribué à la faiblesse de constitution qui constitue un immense inconvénient pour certaines races. Calculer la taille en fonction du poids est une autre pratique erronée, qui va à l'encontre des véritables intérêts des jouets, que nous voulons être à la fois petits et sains ; car un tout petit chien, s'il est compact et robuste, peut peser beaucoup plus qu'un spécimen aux longues jambes qui, à l'œil nu, semble à nouveau deux fois moins gros.

Une chienne de 5 livres. à 7 livres, si, comme je l'ai déjà dit, d'une petite souche, peut être utilisé en toute sécurité pour la reproduction, et plus le chien est petit, mieux c'est, pourvu qu'il soit en bonne santé. Le projet d'envoyer les chiennes chez un étalon permet d'économiser les dépenses liées à l'achat d'un chien à soi ; les victoires du père aident à vendre les chiots très matériellement, et on peut généralement compter sur les bons offices de son propriétaire pour aider le novice ; mais la question présente d'autres facettes.

Ces petits chiens, fréquemment exposés, sont souvent des pères très peu fiables ; elles travaillent trop dur et leurs propriétaires sont parfois très indifférents quant à savoir si les chiennes en visite sont soignées de manière satisfaisante . Certes, les conditions incluent toujours, ou devraient certainement toujours, inclure une deuxième visite gratuite si la première s'avère infructueuse, mais il y a une perte de temps, une déception pour le propriétaire, et parfois pour la petite chienne elle-même, qui a peut-être été très déçue. soucieuse de se reproduire et de ne pas avoir eu une chance équitable, et les ennuis et les dépenses liées au voyage pour elle. Dans l'ensemble, je suis très enclin à conseiller au novice de *commencer* en tout cas par élever un chiot mâle de races telles que les Pékinois et les Griffons, ou les Bulldogs jouets, plus rares, et de l'utiliser pour l'élevage domestique ; car l'autre plan est moins susceptible d'aboutir à une déception lorsqu'un peu de connaissance a été acquise sur le monde du chenil en général. Ceci, bien sûr, à moins que le tout soit abordé sous l' égide d'un propriétaire expérimenté, comme suggéré précédemment. Certaines petites chiennes sont extrêmement capricieuses et ne feront pas la moindre attention à un chien étranger, alors qu'elles s'accoupleraient volontiers avec un chien qu'elles connaissent et qu'elles aiment ; d'autres *sont* tellement bouleversés par un voyage et un endroit étrange qu'ils deviennent inutiles *provisoirement*. ; d'autres encore, au lieu d'être prêts à se reproduire deux fois par an, comme c'est l'habitude des chiennes femelles, ne peuvent venir en saison qu'une fois tous les douze mois, et alors mais de manière fugitive. Dans de tels cas, il est absolument nécessaire d'avoir un chien sur place. Lorsqu'un père doit être choisi parmi des étrangers, ses points doivent corriger ceux qui manquent à la chienne ; votre carlin jouet a peut-être une tête trop petite et peu de rides. Vous devez rechercher un chien avec de bonnes propriétés de tête comme compagnon ; votre Pom peut être long en arrière, et vous devez chercher un mâle de qualité opposée, et un panache bien au-dessus et touchant sa collerette.

Les premiers chiots de deux jeunes chiens sont généralement plus grands que leurs parents, mais je ne crois pas à la théorie souvent avancée selon laquelle la première portée est toujours la meilleure. Les chiots issus d'un très vieux père sont généralement petits.

Une chienne jouet, si elle est renvoyée, doit être soigneusement emballée dans un panier spacieux et chaud ; la fourniture de paniers à courants d'air et en morceaux est une fausse économie, à la fois à des fins d'exposition et d'élevage. Si possible, un chien de jouet des deux sexes devrait avoir une petite niche confortable , avec une porte, qu'il puisse utiliser à la maison comme lieu de couchage et dans lequel il peut voyager ; le panier peut être équipé d'une enveloppe extérieure en bois pour plus de sécurité, mais le chien supportera beaucoup mieux le voyage s'il se trouve dans un panier familier. Il faut choisir quelque chose avec un sommet pointu ou arrondi ; la ventilation est alors plus sûre, car les colis à côtés plats et à dessus plat peuvent être tellement encombrés avec d'autres dans la camionnette d'un gardien qu'ils étouffent le détenu.

**GRIFFON BRUXELLOIS. "Sparklets", la propriété de Miss Johnson.**

La période habituelle de volonté de se reproduire chez une chienne jouet est plus ou moins une semaine. Ceci est précédé d'une quinzaine de jours de préparation, d'une semaine environ d'agrandissement progressif des parties concernées et d'une semaine d' écoulements colorés de l'utérus et du vagin. L'une ou l'autre ou la totalité des étapes peuvent durer plus ou moins longtemps ; mais trois semaines sont généralement acceptées comme délai. Aucune tentative d'accouplement de la chienne ne doit être faite pendant les deux premières étapes ; c'est quand la décharge commence à cesser qu'elle est prête, et le jugement correct de ce temps est ce qui intrigue principalement les amateurs, bien qu'après l'avoir parcouru une fois, ils ne rencontrent aucune difficulté. En règle générale, les chiennes sont renvoyées trop tôt et, comme les commodités pour les garder dans la maison de l'étalon sont souvent rares, elles sont enfermées jour après jour et peuvent devenir assez "périmées" et ennuyeuses avant le moment réel de l'accouplement. arrive — une mauvaise perspective. Si les deux chiens sont ensemble dans la maison, le mâle doit être tenu complètement éloigné de la femelle dès le début de son attirance pour lui, jusqu'à ce qu'elle soit prête, sinon il l'inquiétera sans cesse et deviendra lui-même finalement indifférent et inutile dans la maison. matière. Les chiens jouets ne doivent jamais être laissés à eux-mêmes en matière d'élevage ; c'est très dangereux, surtout s'ils sont jeunes et inexpérimentés, et je conseille vivement au débutant soit de se faire conseiller par un éleveur expérimenté, soit à défaut, lorsque la femelle est prête, d'envoyer les deux chiens pendant quelques heures chez un vétérinaire aimable et sensé. Ils devraient être autorisés à être ensemble deux fois, soit pendant des jours consécutifs, soit avec un jour entre les deux.

Une fois accouplée, la petite chienne jouet doit être caressée et bien entretenue : pas trop nourrie, mais suffisamment de nourriture bonne et nourrissante et systématiquement exercée. Si elle est un chiot, cela deviendra évident vers la cinquième à la septième semaine. Certains chiens le montrent beaucoup plus que d'autres ; qu'elle ait des chiots ou non, elle aura la réserve naturelle de lait pour eux. Si elle ne met pas bas, elle reviendra très probablement en saison dans la moitié du temps habituel. Un échec de test chez le chiot se manifeste généralement par une période de grande lourdeur et d'ennui, la chienne dort beaucoup, devient très grosse et décidément stupide ; dans ces circonstances, donnez-lui davantage d'exercice et une ou deux petites doses de sulfate de magnésie dans les aliments, pour éviter les irritations cutanées, un corrélatif assez courant. Les gens sont bien trop enclins à décider que la « disparition » est la faute de la chienne ; il est certain qu'elle a tendance à manquer si elle est trop grosse au moment de l'accouplement, et la nature fait souvent et très raisonnablement pour qu'elle le fasse lorsqu'elle a été régulièrement accouplée à sa saison pendant un certain nombre de fois ; mais en dehors de ces occasions, c'est aussi souvent la faute du chien.

Une question fréquemment posée concerne l'opportunité ou non de donner à une chienne jouet un médicament contre le ver, ou un apéritif, pendant qu'elle est chiot ou juste avant l'arrivée de ses bébés. Il est préférable de donner une légère dose de vermifuge vers la fin de la troisième semaine, si l'on sait que la chienne souffre beaucoup de ces parasites ; mais il aurait été bien préférable de lui donner une dose avant l'heure de la reproduction. Quant à l'apéritif avant la mise bas, que l'on voit souvent conseillé, c'est une interférence totalement inutile avec la nature, et quand l'huile de ricin, un violent irritant pour les chiens, est employée, c'est une pure cruauté, susceptible d'avoir de très mauvais effets.

# CHAPITRE III

## LA CHIENNE JOUET LORS DE LA CHIOT

Dans le cas des chiens, on alterne généralement trop d'interférences et un mépris de leurs sentiments naturels en ce qui concerne l'arrivée des chiots. Il est tout naturel que la petite chienne, se sentant angoissée et inquiète, réclame beaucoup d'attention et d'attention, et si elle est devenue un animal de compagnie, elle s'attendra et méritera d'être autorisée à avoir ses chiots dans la maison de sa maîtresse. dressing ou autre luxe similaire ; dans lequel elle devrait se livrer. Mais une fois qu'elle a passé les préliminaires que je vais décrire tout à l'heure, elle devrait, si possible, être laissée à elle-même en ce qui concerne l'assistance manuelle. La nature mettra les chiots au monde bien mieux que nos mains maladroites, et la plus simple petite chienne d'un an possède généralement le merveilleux instinct qui lui apprend à mettre ses bébés confortablement à flot sur la mer de la vie. Le mépris des sentiments d'un chien de compagnie auquel j'ai fait allusion peut prendre la forme de l'envoi d'une petite chienne à l'écurie pour mettre bas sous la garde d'un cocher ou d'un palefrenier, et cela peut être cruel ou non selon qu'elle a des sentiments. affection pour l'homme ou toute connaissance de son logement temporaire ; personnellement, je devrais considérer que c'est une chose méchante à faire, quelles que soient les circonstances.

Le début des ennuis de la chienne jouet est évident pour son propriétaire presque aussi vite que pour elle-même. Elle halète et court avec enthousiasme, grattant ici et là, créant des nids totalement impossibles et absurdes pour ses chiots dans toutes sortes d'endroits inappropriés. Cela peut durer plusieurs jours, mais cela ne se fait généralement que quelques heures avant l'arrivée des chiots, soit neuf semaines après l'accouplement. Certaines chiennes poussent des cris très angoissants avant de mettre bas et, en règle générale, la nourriture est refusée et la petite maman qui va naître est souvent malade. Aucune inquiétude ne doit cependant être ressentie. Dès qu'elle est vraiment sérieuse, elle se calme et s'installe dans la place préparée pour elle, qui, de préférence, devrait être un grand et profond fauteuil, avec une couverture blanche - n'importe quelle vieille chose qui est propre fera l'affaire - pliée dans le siège de celui-ci, et par-dessus un vieux drap dc coton, également plié et fixé de telle sorte que la chienne ne puisse pas le gratter dans l' effort insensé d'améliorer la fabrication du lit humain qui possède toujours les chiens et, si on s'y laisse aller, les met dans un inconfort désespéré. au sommet d'une sorte de volcan de chiffons !

Dans neuf cas sur dix, une chienne choisit de mettre bas pendant la nuit, et les heures lui semblent souvent très longues, alors qu'elle peut s'allonger et dormir dans un malaise évident, se levant de temps en temps pour faire son lit et haletant comme si elle était épuisée. Il est tout à fait sécuritaire de la laisser dans cet état pendant douze heures, mais si à ce moment-là elle semble s'affaiblir et qu'aucun chiot n'est arrivé, les services du vétérinaire doivent être réquisitionnés. Elle ne mangera probablement pas, mais on lui proposera peut-être un peu de lait froid. Ne lui donnez sous aucun prétexte quelque chose de chaud, extérieurement ou intérieurement, et ne soyez pas tenté de lui faire quoi que ce soit ; la seule interférence qui soit jamais excusable est l'application externe d'un très peu d'huile douce ou de vaseline , qu'elle lèchera , et qui ne fait ni mal ni bien, d'après mon expérience.

Si l'aide est nécessaire, ce doit être l'aide compétente d'un chirurgien ; tout autre est pire qu'inutile.

**BOULEDOGUE JOUET FRANÇAIS. "La Reine des Roses",
propriété de Mme Townsend Green.**

Les chiots naissent seuls, et si une chienne a une grande portée, ils viennent généralement par deux ou trois, avec un intervalle très court entre les éléments de chaque couple ou trio, et un long repos entre les lots. Les premiers services que la mère doit rendre à ses bébés sont de les libérer du sac de membranes dans lequel ils naissent, et de mordre le cordon qui relie chaque chiot au placenta, substance charnue qui se détache avec ou peu après. Tous les animaux n'aiment pas être observés pendant qu'ils effectuent ces opérations ; mais toute chienne qui est en quelque sorte une mère les gérera parfaitement. Vient ensuite le léchage des chiots, qui ont été enfermés chacun dans son sac membraneux rempli de liquide (la *liqueur amniæ*), et sont par conséquent dégoulinants. Voici le test crucial : une bonne mère lèche ses bébés jusqu'à ce qu'ils soient chauds et secs, puis les nourrit et se blottit contre eux dans un amas de bonheur intense. Une mauvaise mère, au contraire, laisse ses pauvres enfants sécher du mieux qu'ils peuvent, un processus qui aboutit invariablement au développement d'une sorte de maladie cutanée infantile, qui apparaît comme une croûte de substance fromagère attachée aux racines des cheveux. Il repousse peu à peu avec les cheveux et guérit sans traitement, mais il est laid et défigurant pour le moment, et constitue une triste preuve d'incompétence de la part de la mère.

Lorsque la famille s'est installée et que les chiots sont au sec et à l'aise, il est temps de leur accorder un peu d'attention. Ayez une soucoupe pleine de bonne bouillie de lait tiède, faite avec des gruaux brevetés, aussi délicatement que pour un malade, et laissez la mère la boire, ce qu'elle fera sûrement avec gratitude ; elle peut en avoir davantage à intervalles réguliers au cours du premier jour. Ensuite, enroulez les plis souillés du drap sous elle et la litière, ce qui peut maintenant être fait sans les déranger, et laissez-les confortablement installés sur la couverture propre et chaude, qui a toujours été en dessous.

Un peu plus tard, la mère peut être mise dans le jardin pendant quelques minutes, pas plus de deux ou trois ; mais il ne faut pas la laisser se refroidir. Après le premier jour, elle devra sortir faire une petite promenade matin et après-midi, le temps de son absence s'allongeant progressivement au fur et à mesure que les chiots grandissent.

Jusqu'à ce qu'ils commencent à ramper, les chiots jouets de valeur sont beaucoup plus en sécurité et mieux à l'étage dans une grande chaise comme décrit, ou dans un panier plat avec une couverture pliée au bas posée sur la chaise, qu'ils ne peuvent l'être dans n'importe quelle étable ou dans le locaux de cuisine, car, aussi chauds soient-ils, ces endroits sont également soumis à des courants d'air. Il n'y a absolument rien dans une portée de petits jouets, s'ils sont en bonne santé, qui soient le moins du monde offensants, et une bonne mère les gardera dans le rose de la perfection pendant près d'un mois dans de telles circonstances.

Lorsqu'il s'agit d'une mère pauvre ou faible et que les chiots sont agités, crient et semblent humides et mal à l'aise, c'est une autre affaire. Par une attention constante au changement du lit, une alimentation partielle à la main avec une vieille petite cuillère en argent avec de la crème et de l'eau chaude, et du Plasmon ou du Lactol , moitié-moitié (mieux que du lait, bien que du lait *chaud* fasse l'affaire), et un grand avec beaucoup de patience, la mère peut être aidée et les chiots sauvés ; mais là où ils n'ont pas de valeur, il vaut mieux les détruire tous sauf un ou deux ; et là où ils le sont, une bonne mère nourricière leur offre de loin les meilleures chances de vie et de santé. Il y a des gens qui se font un devoir de fournir des foyers d'accueil, et il faut s'adresser à l'un d'eux le plus tôt possible ; prendre soin de s'assurer, par un examen attentif à son arrivée, que l'étranger n'a pas de maladie de peau et qu'il est exempt d'insectes nuisibles.

Les petites chiennes jouets n'ont parfois que peu de lait au début, mais en leur donnant de la nourriture chaude seulement pendant les premiers jours et beaucoup de lait à boire, tout se passe généralement bien, et tant que les chiots semblent assez contents, tout va bien ; le débit va certainement augmenter. Avant et après la mise bas, il y a généralement un peu de diarrhée , sans conséquence ; mais si cela se prolonge au-delà du deuxième jour après la mise bas, remettez la chienne à son régime alimentaire habituel, avec un peu de lait froid à boire, et arrêtez toute nourriture bâclée. Les flocons d'avoine, sous forme de bouillie ou autre, ne devraient jamais être donnés après le deuxième jour. Un écoulement de mucus mélangé à du sang est habituel après la mise bas et peut persister pendant plusieurs semaines en quantité décroissante progressivement.

# CHAPITRE IV

## SUR L'ÉLEVAGE DES CHIOTS

Un complément indispensable à l'élevage de chiots jouets de valeur, qui, en règle générale, réussissent bien mieux dans la maison que dans n'importe quelle écurie ou local extérieur, est l'une des petites maisons et enclos de Spratt ou Boulton et Paul. Comme les expériences personnelles et indirectes sont tout ce qu'un écrivain peut apporter pour étayer sa théorie, je peux être autorisé à décrire la procédure qui s'est avérée efficace avec mes propres chiots – nés, élevés et élevés dans la maison et le jardin tels qu'ils sont.

Dès qu'ils quittent le panier de leur enfance (dans lequel, *par parenthèse*, je dois dire, je les trouve de petits morceaux mous plus délicieux et plus impuissants que même lorsqu'ils commencent à courir, à montrer de l'intelligence et à avoir besoin de se nourrir), ils sont présentés à une de ces demeures utiles, comprenant une maison de couchage, dotée d'une couverture douillette , librement lavable et souvent changée, et d'un petit chemin câblé d'environ 4 pieds sur 2 pieds. Plus celui-ci est grand, mieux c'est, bien sûr ; et s'il a un sol, comme certains en ont, percé de petits trous et s'écoulant dans un bac amovible pour être maintenu plein de terre ou de sciure, tout ira bien. La mienne est une affaire plus humble, sans sol, et posée sur un morceau de toile cirée, recouverte d'une grande feuille de papier brun, qui peut être renouvelée quotidiennement ; pourtant il répond très bien à son objectif. En cela, avec des sorties deux ou trois fois par jour, pour varier, les chiots vivent jusqu'à l'âge de sept semaines ; la mère, en liberté dans la maison, leur rend visite à son gré et couche avec eux. Entre trois et quatre semaines, il faut leur apprendre à faire des tours, ce qui est assez facile avec certains chiots et difficile avec d'autres. Le lait chaud et bouilli devrait être le seul ajout à ce que la mère leur donne jusqu'à ce qu'ils aient plus d'un mois : c'est une erreur de précipiter les chiots vers des aliments brevetés, du pain et du lait, etc. Ne les laissez pas avoir une soucoupe et la renverser , tomber dedans et se mettre dans le désordre, pour sécher tout ce qui est aigre et désagréable, mais tenez leurs petites têtes une à une pendant qu'ils se lavent, car ils *hocheront* la tête dans la soucoupe et enverront le le lait vole.

Dès que les chiots sont forts sur leurs pattes, ils ont besoin de plus d'exercice et de plaisir que la course ne peut leur permettre, et il est maintenant temps de les retirer des tapis, qu'ils ne respecteront jamais plus tard s'ils y ont été autorisés. traitez-les mal comme des bébés âgés. Ce n'est pas un mauvais plan de les laisser désormais vivre dans la cuisine, diverses choses étant provisoires. La première est que le génie qui préside veillera à leurs petits repas sous votre surveillance ; c'est-à-dire que vous les nourrissez quatre fois par jour et qu'il s'engage à ce que personne d'autre ne le fasse. Une autre, que la cuisine s'ouvre sur le ou sur un jardin, et que les chiots puissent y courir au soleil, par temps chaud, et ainsi apprendre insensiblement les bonnes manières ; encore une autre, que c'est un endroit chaud, sans courants d'air , avec un joli coin pour leur panier de couchage. Certaines personnes, dont les régions inférieures ne répondent pas à cette description, ou dont les domestiques ne sont pas accommodants, peuvent avoir à leur disposition une écurie occupée, où les chiots peuvent avoir un box ou une stalle libre. Je ne recommande *pas* ce plan , car les chiots jouets se portent bien mieux en compagnie humaine constante ; mais cela, ou l'alternative de les garder dans une pièce avec un sol en toile cirée, sont tout ce qui s'offre, à défaut de la cuisine désirable. J'ai connu des chiots jouets qui se débrouillaient à merveille dans une petite pièce ensoleillée, recouverte d'un tapis en liège, dotée de boîtes de couchage confortables et s'ouvrant sur une terrasse-promenade, où, pendant tous les jours beaux et ensoleillés, ils étaient autorisés à jouer ; mais ils n'étaient pas trop livrés à eux-mêmes, et leur appartement était soigneusement entretenu, et brosses et pelles à sciure continuaient de marcher, tout comme, dans ma cuisine, les domestiques s'empressent d'ôter toute trace inconvenante de leur présence. Cette période, alors que les chiots jouets sont trop jeunes pour être dressés, trop vieux pour que leur mère puisse les nettoyer, et aussi si jeunes qu'ils ont besoin de chaleur et d'une surveillance constante, est la période la plus pénible de leur vie et celle au cours de laquelle tant d'entre eux. ils meurent. La négligence ou un environnement sale sont fatals à ces petits atomes délicats, qui réclament en réalité la même attention que celle que nous devrions accorder à un bébé ; la monotonie (être enfermé dans une petite pièce pendant des heures ou des jours) et le manque d'air frais en emportent beaucoup ; tandis que le lait aigre, les repas abandonnés en bric-à-brac, l'alimentation irrégulière et le fait de dormir dans des courants d'air sont autant d'éléments de danger. Nous voulons leur donner de la chaleur et de la sécheresse, sans étouffement ni surchauffe ; nous voulons leur donner des petits repas sucrés, alléchants et *propres* , régulièrement, quatre fois par jour, autant qu'ils peuvent manger avec avidité et pas plus ; nous voulons leur offrir un lit de repos confortable pour qu'ils puissent s'endormir quand ils en ont envie - ce qui sera souvent le cas - et, enfin, leur permettre d'avoir tout l'air frais et le soleil extérieur dont ils peuvent bénéficier sans craindre le froid. . C'est ainsi que les chiots d'été, nés au printemps, avec le meilleur temps qui soit devant eux, réussissent bien mieux que ceux qui doivent traverser la période critique de dentition en hiver.

Un chiot jouet grandit plus vite que, par exemple, un terrier et, bien sûr, il atteint l'âge adulte bien plus tôt qu'un gros chien ; les variétés à poil court, encore une fois, arrivent à maturité plus tôt que celles à poil long. Un Yorkshire terrier est adulte à un an, mais ne retrouve toute la beauté de son pelage qu'à l'âge de deux ans, environ. Un Schipperke jouet est, pour ainsi dire, adulte à dix ou onze mois, mais continue à s'épaissir et à s'améliorer en forme, et probablement à augmenter et à durcir son poil pendant encore un an au moins. La veste d'un Pom s'agrandit à chaque mue jusqu'à l'âge de trois ans. En règle générale, on peut considérer que le chien n'est un chiot qu'à partir de dix mois, lorsque sa poussée dentaire est presque toujours entièrement terminée. Cette même poussée dentaire est un processus fastidieux, comprenant le changement du premier jeu de petits ivoires contre les quarante-deux permanents qui doivent accompagner le propriétaire tout au long de la vie. Presque tous les chiots souffrent plus ou moins de ce processus, certains de convulsions, certains d'irritations cutanées, certains de rhumes à la tête et aux yeux, certains d'une fièvre générale ; mais les troubles sont éphémères et disparaissent généralement entre temps, revenant à mesure que chaque grosse dent est coupée. Ce qui pose le plus de problèmes, c'est lorsque les premières dents ne tombent pas, mais restent *en place* , une deuxième dent se forçant sur un côté de l'intrus persistant. Cette condition est presque certainement synonyme de poussées dentaires, dont nous parlerons plus tard. La dentition commence vers le quatrième mois, et une fois terminée en toute sécurité, le chien peut être considéré comme bien élevé.

**CHIOT POMÉRANIEN. À l'âge laid.**

La maladie de Carré, c'est-à-dire les deux maladies habituellement ainsi décrites, sont un véritable fléau, mais il suffit de dire qu'aucun chiot ne devrait en être atteint. S'il le fait, c'est parce que quelqu'un lui a permis d'attraper la contagion, par accident ou par négligence ; laissé à lui-même, il ne pourrait pas s'y livrer, car ce n'est pas et ne peut pas être spontané.

De petits troubles cutanés, tels que la varicelle du chiot, dans lesquels la peau des parties inférieures du corps est rouge et de petites pustules se forment et suppurent, à la manière de la varicelle - bien que la varicelle du chiot ne soit pas contagieuse - affectent souvent les chiots les plus forts ; et un chiot qui « fait ses dents avec une éruption cutanée » est généralement considéré par les éleveurs comme étant un chiot qui, s'il est contagieux, ne prendra pas très mal la « maladie de Carré », voire pas du tout, bien que cette opinion soit fondée. ne peut pas entreprendre de le dire. Personnellement, mes chiots n'ont jamais de maladie de Carré, tout simplement parce qu'ils n'en ont jamais la chance ; mais là où d'autres chiens de la maison vont et viennent aux expositions, ils sont presque certains, tôt ou tard, de le ramener à la maison pour les bébés. Un jour, nous lancerons une croisade pour éradiquer ces horribles maladies, ou découvrirons des moyens prophylactiques, sans aucun doute ; à l'heure actuelle, il faut les considérer comme une malchance qui ne nous arrivera *peut-être jamais*. L' éducation des chiots à la maison est une tâche qui s'accomplit le plus facilement en les amenant des cuisines, ou partout où ils vivent d'une manière générale, dans un salon pendant une courte période quotidienne, et en leur apprenant progressivement que chacun l'infraction est immédiatement suivie du renvoi au jardin ou à l'extérieur. Battre les petits chiens est inutile et méchant, mais une légère réprimande peut être donnée et l'enfant peut être transporté par la peau du cou. L'essentiel est de rendre cette suite invariable, car les chiens ont un grand sens de la justice et apprennent vite qu'ils ont mal agi dans cette affaire ; tandis que s'ils sont autorisés à faire une chose trois fois et battus la quatrième fois , ils ne comprennent absolument pas la raison de la réprimande.

Certaines races de jouets sont beaucoup plus faciles à enseigner que d'autres ; personnellement, j'ai trouvé les chiens de Poms relativement difficiles à dresser à la maison, et les terriers noir et feu sont rarement tout à fait fiables ; tandis que les carlins fauves sont généralement réticents à sortir par temps humide ou très froid ; mais la patience et la persévérance y parviendront dans presque tous les cas. D'un autre côté, certains petits chiens rentrent immédiatement dans la maison et ne posent aucun problème dès le début. Un chien venant de voyager, ou étranger à un endroit , n'est généralement pas bien élevé au début, de sorte que l'acheteur d'un chiot, dûment dressé, devrait lui faire un peu de loi avant de décider que son éducation n'est pas bien complète. . On me demande parfois s'il n'existe pas quelque préparation magique qui guérisse les chiens des habitudes désordonnées, mais je suis obligé d'admettre que, dans l'état actuel de nos connaissances, non seulement une telle chose n'existe pas, mais ne semble pas susceptible d'être découverte.

! Les petits chiots de moins de trois ou cinq mois sont physiquement incapables de résister à toute impulsion, il est donc tout à fait inutile de tenter de les dresser trop tôt. Des comparaisons entre les sexes sont parfois faites en cette matière ; certains préfèrent les mâles comme chiens de maison et d'autres les femelles. Je pense qu'il n'y a pas la moindre différence, et certainement, étant donné un individu prometteur et intelligent, il est aussi facile d'apprendre les bonnes manières à un petit garçon qu'à une petite fille, et *par contre* ... Beaucoup dépend du caractère ; on trouve ici et là des chiens jouets qui ont un esprit méchant et rampant, et ce sont généralement ceux-là qui ne sortent pas sous la pluie. Ils peuvent être vulgairement décrits comme des « furtifs », et je ne garderais pas un chien de cette description. La simple timidité est une tout autre chose et peut être éradiquée par la gentillesse et des caresses judicieuses. Le « furtif » n'est pas un compagnon et ne doit pas être issu d'un croisement. Il ne suit pas bien à l'extérieur, est rarement une bonne mère et a tendance à transmettre ses défauts de caractère à sa progéniture.

# CHAPITRE V

## SUR LES JOUETS D'ALIMENTATION

Dans l'alimentation des jouets, la variété est essentielle, et il est également souhaitable de leur donner des aliments qui nourriront et soutiendront la constitution sans les engraisser excessivement ni chauffer le sang. Il est de loin préférable de donner à un jouet un très petit dîner, en ce qui concerne le volume, composé de viande rôtie découpée ; ou un peu de mouton bouilli et de riz ; ou un peu de côtelette hachée, que de donner un dîner beaucoup plus copieux de riz et de biscuit inondé de lait ou de soupe. Les repas copieux et bâclés sont les plus indésirables, et le dernier repas du soir doit avant tout être sec. Une génoise d'un demi-centime constitue un excellent souper pour un chien en peluche, ou quelques biscuits Osborne. Les chiens jouets ne devraient jamais recevoir de biscuits contenant de la farine d'avoine, de la farine de maïs indien ou des graines de pois. Ces deux-là sont très utilisés dans la fabrication des biscuits pour chiens, en raison de leur faible coût, et ils sont tous deux trop chauffants pour les chiens jouets et, en quantité, indigestes, bien que la farine d'avoine soit parfois précieuse, comme sous forme de gruau, pour être préparée. en bouillie de lait et donné aux chiennes après l'accouchement. Le riz, bien bouilli, est utilisé comme aliment de base, pour donner du volume aux repas, par tous les éleveurs de Yorkshire terriers, et c'est un aliment précieux, à cette fin, car il ne fait pas grossir et est aussi facilement digéré que n'importe quelle céréale. être. Bien que je préconise des repas petits et secs plutôt que des repas copieux et bâclés, je ne veux pas dire qu'une certaine quantité de volume n'est pas souhaitable, car sans elle, il n'y aurait pas de stimulus naturel de distension du canal intestinal. Mais bien que le chien ait un œsophage très gros et qu'il puisse avaler et désire avaler de très grandes quantités par rapport à sa taille, son estomac n'est pas si gros en proportion, et le *juste milieu* — assez et pas trop — est facile. à vérifier. Manger entre les repas est tout aussi mauvais pour les chiens que pour les bébés. Ils doivent être nourris régulièrement et empêchés de ramasser des morceaux à l'extérieur, qui peuvent être empoisonnés et seront certainement malsains. De nombreux chiens ont une habitude choquante de se nourrir, ce qui signifie souvent qu'ils sont anémiques et qu'ils abritent des vers ; si une dose de tonique et de ver ne répare pas les choses, une muselière le fera.

Un chien jouet de 5 lbs. ou 6 livres, qui comprend un biscuit au petit-déjeuner, un repas varié et alléchant de viande ou de poisson au déjeuner et un morceau de génoise rassis le soir, est raisonnablement nourri et doit avoir un bon appétit. C'est une erreur de ne nourrir qu'une fois par jour, car un tel traitement ne convient qu'aux chiens se trouvant dans un état de nature tel qu'ils peuvent se gaver au maximum et dormir ensuite pendant des heures ; puis faites de l'exercice intense.

C'est une théorie tout à fait moderne selon laquelle les péchés autrefois imputés à la viande ne sont pas tous prouvés, mais c'est une théorie tout à fait juste. Non seulement les problèmes de peau résultent de la malnutrition, d'une mauvaise alimentation ou d'une trop grande quantité de féculents, mais on trouve souvent un remède en changeant le régime alimentaire en faveur d' un régime composé *uniquement de viande* crue ou pas assez cuite . Il s'agit d'une pratique vétérinaire moderne, telle qu'exposée par l'homme le plus intelligent de l'époque, M. Sewell – et d'autres dont la capacité est incontestable ; Dans les temps anciens, le dicton invariable du vétérinaire, qu'il comprenne le cas ou non - et en général il était dans une profonde ignorance quant à savoir si la gale, l'eczéma ou l'érythème était à l'origine du problème - était "Pas de viande!" Cette idée, comme d'autres, principalement dues à l'ignorance, a la vie dure, et il existe encore des gens qui, ignorant la façon dont les dents d'un chien sont formées, déclarent que son régime alimentaire est farineux, bien qu'il ait été créé parmi les carnivores. . Bien sûr, nous ne pouvons pas garder un animal de compagnie, modifié par des siècles d'évolution, tout comme la nature l'a gardé, sur de la chair crue – d'une part parce qu'il ne mène pas le même genre de vie ; mais les conditions ne sont pas si différentes qu'elles aient transformé un animal carnivore en un animal graminivore.

J'écris, comme je le sens, avec force sur ce sujet ; J'ai souvent été contrarié de voir à quel point l'obstination à forcer un chien à vivre d'une nourriture tout à fait contre nature a fait d'une créature misérable une créature qui aurait été heureuse et convenablement nourrie ; et il en va de même pour de nombreuses portées de chiots.

C'est depuis longtemps une habitude courante de nourrir les chiots avec de la nourriture bâclée et farineuse, même jusqu'au moment où ils sont en bonne voie d'avoir leurs dents permanentes ; si c'est une erreur avec des chiens plus gros, c'est une grave folie avec des jouets. Les gens nourrissent leurs chiots quatre ou cinq fois par jour avec du pain aqueux et du lait, de la farine de maïs indien et des flocons d'avoine, ainsi que des biscuits en poudre, le tout arrosé de lait ; ils peuvent même le laisser toute la journée. Certains chiots, les plus gourmands , manquent d'éclater, alors la nature se rebelle et soulage la pression par la diarrhée ; d'autres, qui se nourrissent délicatement, deviennent malades après une ou deux doses et ne parviennent presque pas à se nourrir. Ils détestent leur nourriture et les faire manger est une préoccupation constante ; à présent, ils commencent à être souvent malades (c'est la protestation de l'estomac contre une distension constante avec de la nourriture liquide) et s'ils ont, comme la plupart des chiots, des ovules de vers à l'intérieur d'eux, ceux-ci sont extrêmement encouragés à se développer et ne perdent pas de temps à se développer. Ce faisant. Une belle préparation pour la période critique de la poussée dentaire !

Si ceux qui trouvent les chiots jouets difficiles à élever ainsi abandonnaient les slops et les nourrissaient de manière rationnelle, ils partageraient, je pense, le succès d'un certain nombre d'éleveurs, dont les jouets sont réputés pour leur santé et leur beauté, et sur lesquels je compte sur les méthodes. pour étayer mon affirmation. Jusqu'au moment où le chiot peut utiliser ses premières dents, ne lui donnez que du lait pur, sucré, frais et *tiède* mélangé avec du plasmon ou tout autre bon lait en poudre en poudre ; le lait froid donnera des coliques au bébé. Apprenez-lui à laper dans une soucoupe de lait tiède ; soit du bon lait de vache, si vous pouvez compter sur un lait sans acide boracique ; crème pure et eau chaude jusqu'à l'épaisseur du lait ; le lait de chèvre, le meilleur de tous ; ou, en dernière ressource, du lait concentré dilué avec de l'eau chaude.

Cette dernière doit être celle qui n'est pas trop sucrée et *non* celle dont la crème a été séparée. Jusqu'à six semaines, je trouve que mes chiots se portent mieux uniquement avec du lait ; quand leurs petites dents sont sorties et que leur mère les abandonne, passez-les aux aliments solides. Un chiot adore ronger un morceau de génoise ou sucer une biscotte ; cela le réconforte d'utiliser ses petites aiguilles pointues - le nourrit et l'amuse à la fois. Donnez-lui ensuite du lait pour le petit-déjeuner et le thé ; un biscuit Osborne brisé, une biscotte du genre connu sous le nom de « tops and bottoms », juste ramolli avec une petite goutte de lait, non transformé en pâte, ni en un morceau de génoise, pour son dîner et son souper. A quatre semaines, il peut manger un peu de poulet haché ou de poisson bouilli pour le dîner, ou du mouton bouilli en lambeaux ; à deux mois, il peut être nourri comme ses aînés, mais sans gros morceaux de viande. Toute la viande donnée aux chiots doit être hachée finement jusqu'à l'âge de six mois. En ce qui concerne les os, un gros os est bon à sucer et à ronger pour un chiot ; mais il ne doit pas avoir d'os quelconque qu'il puisse avaler en tout ou en partie. Pour les jouets d'adultes, tous les os, à l'exception de ceux de poulet, de gibier et de poisson, sont une friandise autorisée, un à la fois, et cette fois au moins une semaine après la suivante ou la dernière.

---

# CHAPITRE VI

## EXPOSER ET PRÉPARER L'EXPOSITION.

Bien que les bénéfices tirés de l'exposition soient de nature secondaire et relatifs simplement à l'influence exercée sur les ventes et à la manière dont les expositions font connaître les chiens au public, cela en vaut la peine pour le propriétaire de chien qui a un réel intérêt. bon petit jouet pour l'exhiber parfois pour le plaisir de la chose. Lors d'une exposition, on peut en apprendre davantage sur les races et les points, et sur tous les petits détails qui intéressent les chiens, qu'il n'est possible autrement ; comparez vos notes avec celles d'autres propriétaires et obtenez de nombreux conseils utiles. Je suis désolé de dire que nous pouvons également voir se produire beaucoup de choses qui seraient bien étouffées, et avoir un aperçu du côté le moins attrayant de la nature humaine que la concurrence et la rivalité aiguës sont susceptibles de susciter et que le mélange socialiste de tous les classes composant "la fantaisie du chien" encouragent. " Fake" : teindre un bronzage pâle et brillant, arracher le pelage ou peaufiner les poils blancs, saupoudrer de poudre de déguisement sur les vestes tachées des chiens blancs, entraîner les oreilles à tomber ou à se tenir debout (temporairement) de la manière souhaitée, avec d'autres petites améliorations, telles que comme couper les poils du bord des oreilles des Poms et de leurs pattes et jambes, sont autant de pratiques que personne n'admettrait, mais qui existent néanmoins ; tandis que même des propriétaires parfaitement honnêtes sont capables d'amener leurs chiens au premier plan par des méthodes légitimes qui sont inconnues du novice et qu'elle peut apprendre des initiés. Quant à la « cruauté » du spectacle, que Ouida dénonce si fortement, un mot peut être dit. Ce n'est certainement pas gentil d'envoyer un petit jouet caressé, habitué aux habitudes régulières et à la compagnie constante de ses propriétaires, à un spectacle "tout seul", sans surveillance et sans aucun soin autre que celui que les responsables du spectacle peuvent se sentir disposés à lui accorder. cela - souvent d'un caractère superficiel. En revanche, si son propriétaire l'emmène à l'exposition, l'établit dans son enclos, lui rend visite de temps en temps, le nourrit et le sort de l'exposition le soir pour passer la nuit avec elle, comme il peut toujours être arrangé, je n'y vois pas la moindre cruauté - en fait, beaucoup de chiens aiment être exposés, et il est tout à fait exceptionnel de voir un visage mélancolique dans les rangées d'enclos consacrés au rayon jouets bien entretenu.

La première chose à laquelle il faut penser lorsqu'on envisage d'exposer est d'amener le ou les chiens à leur meilleure forme. Un jouet bien entretenu à la maison doit toujours être plus ou moins en état d'exposition, c'est-à-dire dans la mesure où les dispositions de la nature pour la perte du manteau, etc., le permettent ; mais un peu de soin supplémentaire pendant quelques semaines avant une exposition est souhaitable. Les chiens à poil court, qui, *par parenthèse* , ne devraient jamais être lavés du tout si cela peut être aidé, ne doivent certainement pas être lavés au moins quinze jours à l'avance, mais la moindre trace possible de vaseline ou d'huile de coco peut être appliquée sur leur peau. leurs vestes et polies avec un mouchoir propre ; tout en les brossant et en les frottant à la main dans le bon sens, leurs poils obtiennent un bel éclat et un bel éclat sur leur pelage, et un peu de lait à boire quotidiennement contribue à cet effet. Il faut laver les yeux, et si le nez est sec, comme certains ont malheureusement trop tendance à l'être, un peu de vaseline bien frottée avec le doigt deux fois par jour remédiera au défaut.

Les chiens à poil long nécessitent bien sûr beaucoup plus d'attention. Ils doivent subir un peignage et un brossage supplémentaires et, s'ils sont sales ou plats, mais pas autrement, ils doivent recevoir un bain environ quarante-huit heures avant d'apparaître sur le ring. Pour cela, utilisez de l'eau *douce* et tiède, avec, dans le cas des Poms, dont les vestes doivent bien ressortir, une cuillère à café de borax en poudre et un quart d'once de gélatine dissoute pour deux litres d'eau. Le savon utilisé doit être soigneusement choisi et parmi les meilleurs : le savon de toilette Vinolia ou E. Cook & Son's au choix ; les savons courants sont les plus inappropriés. De nombreuses personnes utilisent également et aiment beaucoup le savon amélioré pour chiens de cette entreprise. Ces poils raides et remarquables sont favorisés par un brossage habituel des cheveux dans le mauvais sens, ce qui est également conseillé pour la crinière des Schipperkes. Les chiens à poil plat, comme les Yorkshires et les épagneuls miniatures, passent souvent leur vie, les premiers surtout, dans les intervalles des expositions, comme les fers à feu d'été, « dans la graisse », c'est-à-dire leur pelage saturé d'huile. Dans cette mesure, la préparation peut être laissée à l'exposant professionnel (avec lequel, il convient de le remarquer, peu d'amateurs inexpérimentés ont beaucoup de chance, en ce qui concerne le Yorkshire terrier) ; mais un peu d'huile de coco, avec la moindre trace de cantharides, bien frottée dans les racines des poils quelques semaines à l'avance, donne au poil un aspect optimal. Il faut beaucoup de soin pour laver les chiens blancs, et seul le meilleur savon doit être utilisé ; aussi de l'eau douce, avec un peu de borax dedans, et un sachet bleu pressé dans l'eau de rinçage, pour éviter que les cheveux ne présentent une teinte jaune. Les Yorkshire terriers ne doivent en aucun cas être frottés dans leur bain ; ni les épagneuls maltais ni les épagneuls jouets ; les cheveux si soigneusement gardés séparés au milieu du dos chez les deux races précédentes doivent être épongés vers le bas à partir de la raie, tandis que des serviettes chaudes et des brosses douces et chauffées doivent être utilisées pour le séchage, de manière à préserver l'habitude de croissance. , ce qui est tellement important chez ces chiens. Frotter « partout » favorise également la frisure – un défaut mortel dans les races mentionnées – et c'est une raison supplémentaire de prudence. En lavant les chiens, il faut prendre grand soin de sécher soigneusement l'intérieur des oreilles, et le bain, que la plupart des chiens détestent tant, perdra la moitié de ses terreurs si la tête n'est pas savonnée ou arrosée ; il peut être efficacement lavé avec une éponge, évitant ainsi les misères du savon dans le nez et les yeux. Cependant, le lavage, en tant que chose habituelle, est très nocif pour le pelage et la peau, détruit la couleur des chiens noirs et ne devrait jamais être une pratique. Un toilettage quotidien avec une brosse et un peigne gardera tout chien correctement nourri parfaitement doux et propre.

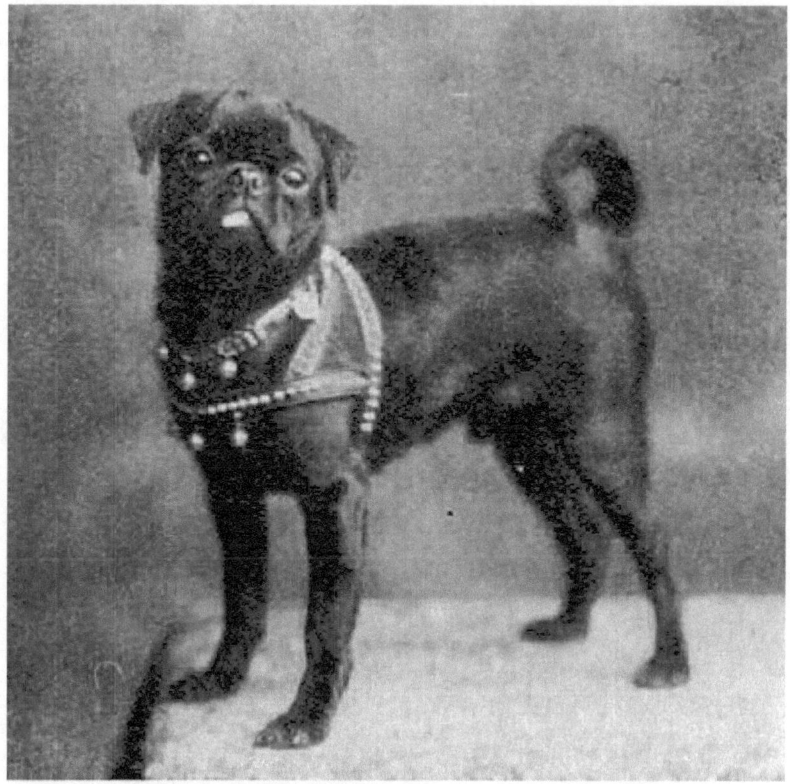

**CARLIN NOIR. "Fidji", propriété de Miss Hyde.**

Les caniches sont peut-être aussi difficiles à préparer pour l'exposition que n'importe quel chien. Il n'existe pas encore de caniches jouets à cordes, mais les jouets bouclés sont de très charmants petits chiens, méritant bien plus que leur popularité actuelle. Leur rasage ou tonte est bien entendu une tâche toujours récurrente, qu'il ne faut à aucun moment négliger, et qui est nécessaire une fois par mois ; mais, après une ou deux premières fois, ce n'est pas du tout difficile à gérer. Les parties rasées doivent être revues, le chien ayant été lavé la veille, avec une des tondeuses à caniche brevetées de Spratt, une petite machine exactement comme une petite tondeuse pour chevaux, travaillant toujours à contre-courant de la tendance des poils depuis la queue jusqu'au dos. au milieu du corps et des pieds vers le haut. Une paire de ciseaux, aux pointes recourbées, sera nécessaire pour le visage et les orteils, qui sont les parties les plus difficiles à réaliser ; mais le rasage proprement dit avec un rasoir n'est effectué que comme touche finale juste avant un spectacle. Il rend la peau plutôt tendre et constitue la seule partie de la toilette, non nécessaire à la tenue vestimentaire de tous les jours, qui nécessite l'aide d'un expert. Après la tonte, la peau doit être bien frottée avec un très peu d'huile de vaseline blanche , ce qui apporte une belle brillance et évite au chien de prendre froid. Il existe plusieurs tondeuses de caniches professionnelles à Londres, parmi lesquelles une dame qui rend visite aux chiens chez elle pour la modique somme de cinq shillings ; mais les exploitants nationaux sont généralement obligés de recourir aux talents locaux pour l'opération.

Les cheveux longs sont maintenant à la mode disposés en peluche, coiffés avec un peigne et bien brossés jusqu'à ce qu'ils ressortent ; le toupet est noué sur le dessus de la tête avec un gros noeud de satin, et *voilà, la toilette de monsieur est fini* ! — le bracelet et le collier indispensables manquent seuls.

Inscrire des chiens à une exposition est une affaire assez simple. Après avoir déterminé quelle exposition vous avez l'intention de fréquenter , envoyez une carte au secrétaire, dont l'adresse se trouve avec les annonces de l'exposition dans les journaux canins, pour demander un horaire. Dès réception, lisez attentivement le règlement, ainsi que la question relative aux promotions, et inscrivez le chien selon le formulaire ci-joint ; si l'exposition a lieu selon les règles du Kennel Club, les expositions doivent d'abord être enregistrées auprès de cet organisme. Ne serait-ce que sous licence Kennel Club , cela n'est pas nécessaire. Parfois, la réponse ou l'accusé de réception d'une telle inscription, qui est faite sur un formulaire toujours envoyé avec les horaires et les bulletins d'inscription aux haras, et accompagné de l'indispensable demi-couronne, est tellement retardé que l'exposant novice tremble de peur. son exposition devrait être disqualifiée ; mais de telles terreurs sont sans fondement : tant que l'inscription a été envoyée avant la date du spectacle, tout ira bien.

La question suivante est celle brûlante de l'escorte. Personnellement , je n'aimerais pas envoyer de petits chiens jouets à une exposition sans un accompagnateur de confiance, et je ne peux donc pas conseiller à quiconque de faire autrement.

Les prendre soi-même, avec une servante ou un homme en réserve pour les laisser en charge, est la manière la plus agréable, pour toutes les parties, d'arranger les choses, et l' attirail qui les accompagne est à peu près le suivant :

Un panier de voyage chaud et confortable pour chaque chien, de préférence une petite maison dans laquelle il pourra dormir la nuit.

Un tabouret de camping pour le préposé. Se tenir debout lors d'un spectacle tue le travail et les chaises ne sont pas toujours disponibles.

Les manteaux pour les chiens s'il fait froid, car les bâtiments d'exposition sont presque toujours soumis à des courants d'air. Les manteaux Pétanelle (vendus par Spratt's), de patron français, à col tempête, sont particulièrement chauds et élégants, et sont également aseptiques, et les coussins Pétanelle sont charmants en tous points.

De la nourriture adaptée. Les chiens jouets mangent rarement ce que les autorités du concours leur proposent et sont souvent trop excités pour prendre autre chose que ce qui est particulièrement délicat. Un panier-repas composé de petits morceaux de poulet ou de viande, déjà découpés, avec la petite assiette du chien, sera utile. Le lait lors des expositions n'est pas toujours fiable, et si l'on en souhaite, il doit être pris en bouteille, notamment pour les portées.

Une brosse et un peigne. Un grand et chaud châle. Je ne dis rien de la chapellerie avec laquelle on accroche souvent ses stylos, des coussins de satin, etc., avec lesquels je ne peux que dire que les chiens sont souvent rendus extrêmement ridicules, mais à moins qu'il n'y ait une règle contraire dans le tableau, les exposants sont libres de proposer tout ce qui plaît à leur goût dans cette ligne. Le châle, ou couverture, est souvent utile pour draper des stylos ronds en fil métallique afin d'éloigner les courants d'air, et comme de tels objets ne peuvent pas être obtenus sans trop de difficultés une fois le spectacle commencé, il est préférable de les fournir à l'avance.

La sortie nocturne des chiens de l'exposition peut toujours être gérée, généralement moyennant le paiement d'une caution ; et le problème en vaut la peine , car les rhumes mortels sont souvent le résultat du fait de laisser des jouets délicats se déplacer tout seuls dans les heures les plus froides de l'obscurité et de l'aube.

Bien entendu, l'entrée dans le ring est au cœur de l'anxiété de l'exposant, car vient maintenant le moment critique : le chien exposera-t-il ou non ? Certains chiens sont nés dans la douche : ils sont vifs, ont l'air intelligents et avertis, acceptent gracieusement les ouvertures du juge et se présentent généralement sous leur meilleur avantage. D'autres sont variables et on ne peut pas compter sur eux ; se montreront parfois bien, et à d'autres moments, s'ils sont un peu de mauvaise humeur, par exemple, ou s'ils n'aiment pas le look de leurs rivaux sur le ring, ils ne se rendront pas justice. D'autres, encore une fois, baissent obstinément la queue et les oreilles, s'accroupissent et reculent ou, pire encore, se retournent sur le dos. Si un chien, après plusieurs tentatives de présentation, persiste dans un tel comportement, il est généralement préférable de l'abandonner en ce qui concerne l'exposition. Mais on peut faire beaucoup au préalable pour apprendre aux petits chiens à se montrer. On peut les habituer à être conduits en chaîne et les encourager à s'étirer du collier après un ballon, etc. En outre, il faut leur apprendre à recevoir l'attention des étrangers avec affabilité.

Un seul mot sur le comportement de l'exposant sur le ring n'est peut-être pas superflu. Parfois, les anciens des concours ne sont nullement polis envers les nouveaux venus, c'est triste à dire, et s'efforceront très probablement de dissimuler le novice, s'il est assez bon pour être un rival, aux yeux du juge, en se poussant eux-mêmes et en mettant en avant leurs expositions ; tandis que, terribles à raconter, des incidents tels qu'un coup de pied sournois administré au chien timide d'un rival, ou le fait de marcher intentionnellement sur un orteil, ne sont pas tout à fait inconnus. Le novice doit garder son chien bien en vue, ne pas tenir compte de ce que disent ou font les autres exposants, dans la mesure où la stricte politesse et la bonne humeur le permettent, et, sans gêner son exposition aux yeux du juge, essayer de le faire remarquer dans toutes les voies légitimes.

Parler à un juge sur le ring et en agissant est une grande violation de l'étiquette, à moins qu'il ne pose une question à laquelle il faut répondre de manière audible ; mais la plupart des juges sont tout à fait disposés à motiver leur décision, ou à exprimer une opinion franche, si on leur demande de le faire à la fin du jugement. Il est bien sûr inutile de mettre en garde les dames contre toute manifestation de sentiment d'être négligées, etc. ; mais il ne faut pas nier le fait que de lamentables manifestations de déception aient parfois lieu, alors que, bien entendu, une justice stricte fait parfois défaut. Cependant, en somme, un très peu d'expérience permettra à la novice de prendre la place qui lui revient dans le monde du spectacle, où elle sera sûre de rencontrer beaucoup de bonté et d'aide désintéressée : telle est du moins mon expérience ; tandis que l'exposition ajoute un piquant à la possession d'un chien impossible à obtenir par tout autre moyen.

Les principales expositions où les chiens jouets sont pris en charge sont le Kennel Club Show, en octobre ; les Toy Dog Shows et Cruft's, généralement organisés en février, à l'Agricultural Hall ; avec les expositions organisées par la Ladies' Kennel Association, dont les meilleures, du point de vue d'un propriétaire de jouets, ont généralement lieu en été, et avec les manifestations provinciales, comme Birmingham, Manchester et Bristol, et de nombreuses expositions sous licence dans toutes les régions du pays, où il existe généralement une classification équitable pour les jouets. Toutes les expositions peuvent être trouvées annoncées dans l' *Illustrated Kennel News* et d'autres journaux canins.

# CHAPITRE VII

## LE CHOIX DES RACES

Le choix d'une race à adopter est généralement dicté par les préférences personnelles, et la mode a un gros bâton dans la roue. À l'heure actuelle, les races à la mode parmi les jouets sont certainement les Poméraniens, ou Spitz jouets – communément appelés « Poms », épagneuls japonais, pékinois ou épagneuls chinois – parfois appelés carlins chinois, bouledogues jouets et Griffons Bruxellois . J'ai déjà parlé du choix d'une race à but lucratif, et j'examinerai maintenant la question du point de vue d' une dame solitaire cherchant un ou plusieurs animaux de compagnie et n'ayant aucun préjugé préconçu.

Le Pom est donc un petit chien difficile à maîtriser, mais très précieux lorsqu'il est ainsi sécurisé. Un bon jouet Pom signifie un jouet aussi petit que possible, certainement moins de 8 livres, et de préférence moins de 6 livres, pas à longues pattes et herbeux, mais à dos court et compact ; avec de petites oreilles dressées, un museau finement pointu, de petits yeux sombres, une queue – ou panache, comme il faut l'appeler – bien au-dessus de la ligne médiane exacte du dos ; pattes et pieds petits, fins et délicats, couverts de poils courts ; et enfin, mais non des moindres, un poil abondant, bien ressorti sur tout le corps, et amplifié autour du cou par le volant caractéristique, et à l'arrière des pattes postérieures par la crinière . Le brun clair et le chocolat sont beaucoup plus courants qu'ils ne l'étaient il y a un an ou deux, lorsque l'un ou l'autre était rare et très recherché, mais les noirs sont toujours les favoris . Les zibelines à pointe noire ( Poms de couleur loup ) ont rarement un pelage bien raide et, comme les belles zibelines orange, ont tendance à avoir un poil plat, elles ne sont donc pas si populaires ; tandis que les chiens particolores dépendent pour leur attraction de leur qualité. Les bleus, qui, à moins qu'ils soient grands, ont généralement les oreilles glabres, sont très charmants et portent un excellent pelage, mais sont relativement rarement vus. Les défauts habituels des Poms jouets sont la « tête de pomme » - un terme qui s'explique tout seul - la rareté du pelage, la grossièreté de la tête ou des pattes, la queue mal portée, les grandes oreilles ou les yeux protubérants, les jambes et les mauvaises herbes , ou les boucles. Une vague dans le pelage en gâte certains du point de vue du spectacle, et bien que le lavage avec du borax et de l'eau et le peignage avec un peigne trempé dans une faible solution de gélatine remédient temporairement au défaut, cela gâche l'aspect touffu souhaitable d'un Pom dans une large mesure.

Les Poms sont de petits compagnons capitaux, fidèles, extrêmement vifs et intelligents, et généralement dévoués à une seule personne ; ils sont bons avec les enfants s'ils sont élevés avec eux ; mais ce sont de petites choses difficiles et excitables, qui aboient beaucoup et qui ont des nerfs. Je ne considère pas du tout le caractère vif que certaines personnes leur donnent comme justifié par les faits ; mais on peut trouver ici et là un Pom colérique. Leur dédain envers les étrangers devrait être considéré comme une vertu chez tous les chiens de compagnie. Ce ne sont pas des chiens les plus faciles à dresser à la maison, surtout lorsqu'ils sont gardés en grand nombre, et ils ne sont pas toujours fiables de cette manière, principalement en raison de leur caractère vif et nerveux ; mais pour l'intelligence, l'affection et la beauté, ils ont peu d'égaux, voire aucun, parmi les chiens de jouet, et ils ne perdront probablement jamais leur popularité ; un très bon jouet Pom est toujours immensément admiré et courtisé partout où il est emmené. Les chiots ne se vendent plus aussi facilement à des prix élevés qu'autrefois, car tant de gens les ont adoptés qu'ils sont devenus abondants : et cela ne vaut pas la peine d'élever des chiots de seconde zone ; mais un bon Pom se vendra quand même.

**SCHIPPERKE. "Fandango", propriété du Dr Freeman.**

À côté des Poms jouets, je mentionnerai les Schipperkes jouets, car, même s'ils ne sont pas encore aussi à la mode, et ne le seront probablement jamais, ils ressemblent aux Poms à bien des égards. En tant que chiens de maison, ils sont éminemment désirables, merveilleusement propres et bien élevés, et ressemblent au Pom en termes d'intelligence et de fidélité envers une personne, alors qu'ils sont beaucoup plus robustes et plus faciles à élever et à maintenir en bonne condition. Ce ne sont pas du tout des chiens nerveux ; mais follement plein de vie et avide d'exercice ; leur activité incessante rivalise avec celle du joyeux petit Spitz. Ils sont résolument « aboyants » et extrêmement curieux, de bons voyageurs et des chiens qui s'installent n'importe où et se contentent tant qu'ils sont avec l' « humain » préféré qu'ils possèdent spécialement. Les Schipperkes sont des chiens extrêmement lourds pour leur taille, et un tout petit pèsera quatre fois plus qu'un Pom qui semble à peine plus petit. Les deux races ont besoin d'un régime carné et de beaucoup de bonne nourriture, qu'elles utilisent de manière active ; mais la majeure partie des repas du Schip devrait être plus copieuse. En règle générale, les Schips sont des chiens de très bon caractère et, comme les Poms, de vifs suiveurs au talon. Ce sont cependant de petites choses pugnaces, et ils ne peuvent que grâce à la grande patience des chiens plus grands pour avoir évité de nombreuses tragédies dues à une affirmation de soi hautaine . Le noir est leur couleur , et l'absence de queue est leur qualité la plus intime ; certains, nous dit-on, naissent sans queue, la plupart ne le sont pas ! Les Schips bruns et fauves sont assez communs en Belgique, pays d'origine de la race ; et nous avons maintenant assez souvent des cours pour eux ici ; tandis que les blancs, qui sont en réalité des faons, existent, apparaissant de temps en temps par portées depuis un ancêtre lointain, et sont de très jolis chiens, même si j'avoue le piquant et le charme des noirs, avec leurs oreilles fines et bien dressées. , leurs flancs arrondis, leur pelage dur et brillant, et leurs masses denses de crinière et *de culotte* , points distinctifs du Schip , se perdent pour moi dans un chien "hors couleur ". Leurs défauts, en tant que jouets, sont des manteaux doux et soyeux, des têtes en forme de pomme ou mal formées (cette pierre d'achoppement universelle ), " Pommy ", qualité du pelage (il n'y a pas de défaut sur l' écusson d'un Schip plus grand qu'une croix putative avec un Pom), poils ou marques blancs, oreilles arrondies au bout au lieu de pointues, trop grandes ou mal portées, visages courts, mâchoires inégales, pieds écartés, jambes tordues ou déformées et dos long. L'apparence générale du chien doit être très intelligente et cobby , intensément alerte, et dans l'ensemble propre et bien organisée, qualités difficiles à décrire, mais qui « *sautent aux yeux* ».

Les bouledogues jouets deviennent chaque année plus populaires. Ce sont des chiens absolument idéaux en termes de tempérament et de toutes les autres qualités nécessaires pour un animal de compagnie et un compagnon, et presque étrangement intelligents, mais hélas ! ils sont délicats et ne peuvent être niés. Ils sont difficiles à reproduire et difficiles à élever ; peu de chiennes sont de bonnes mères, tandis que leurs bébés ont peu d'endurance ; ce sont de plus des reproducteurs timides et qui ont besoin de soins et de vigilance incessants. S'ils peuvent avoir cela, tant mieux, et leurs chiots se vendront immédiatement ; de sorte que, comme source de profit, ils peuvent être recommandés, toujours pourvu que la chance et la capacité de se donner beaucoup de peine bien dirigée soient du côté du propriétaire. Les prix obtenus pour ces chiens, s'ils sont vraiment petits et de bonne souche, sont assez élevés pour l'amateur ordinaire, tandis qu'un petit bouledogue issu de chiens plus gros, tels qu'on peut en obtenir à moindre coût, sous forme de jouet, n'est qu'un mauvaise spéculation, puisque sa première portée la tuera probablement. La limite de poids à laquelle se termine un bouledogue jouet et à laquelle commence le bouledogue proprement dit a fait l'objet de controverses, et la limite initiale d'environ 20 livres. s'est avéré présenter tant de difficultés que de nombreux éleveurs ont souhaité le modifier. Un nombre égal, voire plus grand, de discussions ont fait rage autour de la question des oreilles tombantes, roses ou de chauve-souris, c'est-à-dire des oreilles droites ou tombantes. Enfin la sage décision d'avoir deux clubs, un pour les jouets en tous points comme les grands bouledogues anglais, et un pour les chiens d'origine française, bien que maintenant d'élevage anglais, à oreilles dressées ou "chauves-souris", appelés French toy bulldogs, a été atteint. Le type anglais est maintenant connu sous le nom de Miniature Bulldog.

**PÉKINAIS. "Foo-Kwai of Newnham", propriété de Mme WH Herbert.**

Les épagneuls japonais font partie des *derniers crise* de la mode. [1] J'inclus parmi eux les Pékinois, car bien que ces derniers soient des chiens globalement plus robustes et plus faciles à gérer, ils sont également orientaux, ce qui rend les choses égales. Les Japs sont de jolis petits chiens, d'intelligence et d'affection moyennes, sinon tout à fait égaux sur ces points-là aux deux premières races évoquées. Jusqu'à présent, la « maladie de Carré » a été leur principal fléau, et les garder en grand nombre semble être une invitation invariable à la visite d'un parasite, à la contagion de tous, auquel ils semblent particulièrement sensibles. Les éleveurs de Griffons disent que si un Griffon se sent malade, il meurt, et cela s'applique également, dans une certaine mesure, aux Japonais. Il n'y a aucune raison pour qu'il en soit ainsi, car dans leur pays d'origine, ils sont assez rustiques, et la cause en est imputable à la consanguinité, occasionnée par les difficultés mises sur la voie de leur importation tant par les autorités japonaises que par les nôtres, et qui ont eu recours à la consanguinité. avec l'idée de les garder petits; la délicatesse causée par les rigueurs du voyage, qu'ils ont très mal supporté ; aux pionniers de la race ici, et à la ruée vers les petits taureaux, souvent trop utilisés et surexposés. Si les éleveurs achetaient de jeunes chiots sans lien de parenté, les nourrissaient de viande, les élevaient sainement et trouvaient ainsi de nouvelles souches, cette délicatesse pourrait sûrement être surmontée avec une relative facilité. En apparence, les Japonais sont extrêmement fascinants. Leurs couleurs sont le noir et le blanc, le rouge et le blanc, et le jaune ou le citron et le blanc, ces deux dernières combinaisons étant les plus rares ; leurs oreilles colorées , comme des ailes de papillon, la tête au visage court entre les deux formant le corps, leurs pieds fortement frangés et leur queue empanachée composent un *tout ensemble charmant et piquant* . On les confond fréquemment avec les Pékinois, qui sont entiers , rouges ou jaunes, avec des marques noires, et dont les oreilles ne sont pas placées sous le même angle. Un chiot pékinois est peut-être le *plus* joli chiot existant, avant d'atteindre le stade dégingandé, ce qui, comme le savent les éleveurs de tous les jouets, à l'exception peut-être des carlins et des Schips , suscite l'indifférence totale, voire le mépris, du public non-initié. Les prix des Japonais sont généralement assez élevés, et un bon chiot ne peut être obtenu, sauf par une chance particulière, pour moins de 10 £ 10 shillings ; une femelle plus grande pour un peu moins peut-être – mais celles-ci , si elles sont bonnes en points, sont rapidement achetées pour les femelles couveuses. Les Japonais ont la même limite de poids en jouet que les Poms – 8 livres – et les chiens au poids excessif sont beaucoup plus résistants et plus faciles à élever que les nains.

[1] Épagneuls *japonais* . — Les cinq règles de beauté de l'épagneul japonais, selon le *Delhi Morning Post* , sont les suivantes : (1) La tête de papillon ; (2) le V sacré; (3) l'augmentation de la connaissance ; (4) pattes de vautour ; (5) la queue du chrysanthème. Pour atteindre la « tête de papillon » et le « V sacré », un Japonais doit posséder un large crâne surmonté d'un V blanc (le corps du papillon), les petites oreilles noires en forme de V formant les ailes du papillon. . La « bosse de la connaissance » est une petite tache ronde et noire entre les oreilles. Les poils des "pieds de vautour" plument jusqu'à une pointe vers l'avant, mais ne doivent pas élargir le pied mince, et à l'œil de la foi, la belle queue soyeuse et empanachée, étroitement enroulée sur le dos, présente l'apparence de la fleur nationale. , le chrysanthème.


Les Griffons Bruxellois sont le suranné incarné, et leurs drôles de petits personnages, pleins de dignité et d'autosuffisance, se signalent par leurs petits extérieurs non moins drôles. Les caractéristiques d'un bon Griffon sont la petite taille, la dureté du pelage, la couleur rouge profond et riche , les yeux noirs immenses, *à fleur de tête* , la truffe la plus courte possible au bout noir, aussi plate que possible avec la face (cette apparence est généralement favorisée par l'éleveur, qui presse le cartilage du bébé vers le haut à chaque occasion), et des jambes et des pieds fins et sains. La queue est coupée, mais les oreilles ne peuvent plus être gênées – une règle juste. Un "visage de singe" en dessous est le desideratum, et bien que parfois des éleveurs timides, ces petits chiens valent bien la peine d'être possédés et font le meilleur des animaux de compagnie.

sur les toy terriers noirs et feu, pour la simple raison qu'ils sont actuellement assez démodés. Une vague idée prévaut encore, je crois, que l'apparence nue et coriace, pour ne pas dire galeuse, de certaines des anciennes petites créatures présentes autour de leurs pommettes et de leurs grandes oreilles, est un signe de bonne éducation ; en fait, j'ai souvent été sérieusement invité à considérer les hautes prétentions d'un atome arachnéen et mal formé, si affecté à la distinction sur la base de sa descendance aristocratique.

Sur le ring, de telles choses ne sont pas tolérées, et les noirs et feu vraiment bien élevés ne ressemblent pas aux petits avortements vendus – mais rarement maintenant, quoique souvent autrefois – par des vendeurs ambulants dont le caractère était loin d'être au-dessus. soupçon, et par les marchands de chiens, comme la *crème de la crème* du chien de compagnie. Le jouet noir et feu du spectacle ressemble à un Manchester terrier miniature : peau brillante, tête longue et soignée, avec de petits yeux sombres, ovales, non ronds et lunettes ; des membres fins et bien faits, avec un dessin correct d'un bronzage profond et riche , ne doivent pas avoir de bronzage sur le dos des pattes postérieures, et les oreilles doivent être soignées et bien portées ; la queue un fouet.

**YORKSHIRE TERRIER. "Trixie", propriété de Miss O'Donnell.**

Les Yorkshire terriers, s'ils sont petits et bien pelés, trouvent toujours une vente et ne seront jamais sans amis. Je les aime beaucoup en tant que chiens de compagnie célibataires, mais un chenil de Yorkshires est l'œuvre d'une vie, et seul un passionné peut leur prodiguer tous les soins dont ils ont besoin. Un Yorkie *doit* être brossé (longuement) tous les jours : il *doit* être frotté avec des huiles et des nettoyants, en particulier lorsque ses poils se cassent, processus qui transforme le chiot noir et feu à poil court en un véritable chiot bleu et feu. beauté bronzée d'âge mûr. Si l'on veut rendre justice au pelage, le chiot doit, si nécessaire, être lavé avec le plus grand soin (bien que lavé le moins possible), l'empêcher de se gratter en gardant de petites chaussettes en cuir lavé sur ses pattes postérieures et suivre un régime alimentaire à chaque fois. attention portée à la prévention de tout trouble cutané. Aucun chien ne peut porter un pelage épais s'il n'est pas bien nourri, et la vieille idée selon laquelle les aliments farineux suffisaient pour cela est démolie. Pour éviter l'anémie , garder le sang pur et riche et donner de la force, un Yorkie doit se nourrir de viande. En outre, c'est une petite âme joyeuse, et si son pelage peut être dans une certaine mesure sacrifié, un bon compagnon, friand de vie en plein air, très aboyeur et vif, et assez affectueux ; mais un spectacle vraiment charmant Yorkie n'est pas un être de tous les jours. La race ne souffre pas beaucoup de "maladie de Carré" et, chose étrange à dire, malgré des générations de câlins et d'agitation, et d'élevage pour la petitesse et le pelage, elle est décidément en bonne santé. Les Yorkshire blancs, une nouvelle variété que certains ont essayé de promouvoir, ne sont, à mon avis, nullement particulièrement désirables ; les Maltais peuvent faire tout ce qui est nécessaire dans ce domaine ; tandis que la tentative de rendre les Yorkshire « argentés » populaires signifie simplement que les chiens de mauvaise couleur et sans aucun bronzage (la pâleur du bronzage est la pierre d'achoppement dans la carrière de nombreux Yorkshire) sont classés par eux-mêmes et se voient offrir des prix.

Les carlins jouets sont, je pense, invariablement fascinants pour ceux qui aiment les carlins ; ce sont de gros carlins en peu de temps, et tout le monde connaît les qualités d'un carlin. Mes propres carlins fauves jouets aimaient trop leur confort pour être des chiens parfaits pour accompagner une personne ayant des habitudes actives en plein air, mais ils étaient des choses douces et de caractère doux et, en tant que tels, méritaient d'être félicités. Les carlins en tant que race semblent étrangement sujets aux problèmes de peau, et les jouets ne font pas exception. Je n'ai pas vu beaucoup de jouets fauves vraiment bons et très petits, mais il y en a quelques-uns, et lorsqu'un carlin doit être acheté, un jouet est vraiment le plus souhaitable. Ils font de bons chiens de maison et sont rarement ou jamais bruyants, tandis que ceux d'une souche relativement active, élevés pour s'amuser en plein air, ne se livrent pas à la gourmandise qui, hélas ! est généralement une caractéristique de leur caractère, il n'est en aucun cas nécessaire d'acquérir la respiration sifflante et ronflante à laquelle certains pensent qu'un carlin âgé ne peut pas échapper. Tout de même, je ne peux que dire que je préfère dans l'ensemble la variété noire, car elle unit le doux caractère, la fidélité et la douceur des faons à une énergie infatigable, à mon avis une des meilleures qualités qu'un chien puisse posséder. Ils sont également plus robustes, moins sujets aux maladies de Carré et aux maladies apparentées, et très alertes et intelligents. Un mérite, s'il en est, qu'ils ne partagent pas avec les faons : ces derniers ne sont pas des chiens chers, car ce sont presque toujours de bonnes mères et des reproducteurs prolifiques. Non pas que les Noirs échouent à cet égard, mais jusqu'à présent, ils sont relativement chers, c'est-à-dire les vraiment bons. Les propriétés de la tête font une grande partie de leur valeur à l'heure actuelle, car un carlin noir à bonne tête, avec un crâne large, de grands yeux et beaucoup de peau et de rides, n'est pas présent dans toutes les portées, et les crânes étroits sont très détestés, bien que la nature, avec Contrairement à ce qui est caractéristique, il semble se réjouir de les produire.

Les carlins ne supportent pas plus de réchauffer les aliments que les Yorkshire, qui sont d'accord avec eux pour dire qu'ils s'en sortent mieux avec du riz bouilli comme complément à la viande pour obtenir la masse nécessaire, qu'avec tout autre aliment farineux. À côté de cela, en valeur, vient la farine de blé ; la farine d'avoine et la farine de maïs indien entraîneront sûrement un désastre cutané. La viande maigre, insuffisamment cuite, le poisson et le poulet, peuvent être variés pour préparer les repas, avec une petite quantité de l'aliment de base nécessaire en vrac.

Les épagneuls jouets en général ne sont pas des chiens difficiles à gérer. Ce sont des chiens fidèles et extrêmement affectueux, et les Blenheim sont de bons animaux de compagnie de campagne, possédant souvent un instinct sportif considérable, même lorsqu'ils proviennent d'une race qui n'a été gardée que pour l'exposition pendant de nombreuses années. Les Marlborough Blenheims sont, bien sûr, des exemples de Blenheim sportifs, bien qu'ils ne soient pas corrects en termes de points de démonstration ; et il n'y a aucune raison pour qu'un de ces chiens, aussi jouets soient-ils et aptes à gagner, ne soit pas un bon petit compagnon de campagne. Pour les villes, les chiens blancs à poils longs ne sont pas recommandés, en raison des lavages occasionnels, qui sont une gêne pour le chien comme pour son propriétaire. La coloration des Blenheims est très prenante, et une avec tous les points de spectacle, tache sur la tête incluse, sera certainement admirée ; mais les épagneuls miniatures, en tant que race, à l'exception des Japonais et des Pékinois, sont en grande partie entre les mains d'exposants professionnels et sont rarement considérés aujourd'hui comme des animaux de compagnie. Le King Charles, noir et feu, a tendance à être un chien plutôt idiot, assez joli, mais pas « intelligent » ; une petite chose aimante, mais peu intellectuelle : telle est du moins mon expérience de lui. Les défauts des deux races sont généralement trop de pattes, des têtes et des nez longs, au lieu des gros crânes ronds souhaités ; les petits yeux et les boucles — cette dernière étant une grave erreur. Le Prince Charles, ou Tricolor, est à nouveau le King Charles en trois couleurs : noir, beige et blanc ; et le Rubis est, comme son nom l'indique, tout rouge ; plutôt rare, c'est, à mon avis, le plus joli des épagneuls jouets. Tous sont très sensibles à l'humidité et au froid et doivent être soigneusement séchés, surtout au niveau des pieds, après avoir été dehors sous la pluie ou dans la boue. Ce sont des chiens doux dans la peau et ils sentent rarement « chien » — une grande vertu.

Les Maltais ont beaucoup d'amis. Ce sont les plus vieux de tous les chiens de compagnie, et un bon spécimen, au poil parfaitement droit, ce qu'on trouve cependant rarement, est vraiment une chose de beauté. Ils doivent être traités comme les Yorkshire terriers, sauf que certains des bacs récurrents peuvent être évités en saupoudrant de farine ou de poudre de violette (amidon pur) dans le pelage et en le brossant à nouveau. Ils sont souvent gâtés par la truffe brune, qui est un grand handicap, et aussi par les marques brunes causées par le coulage des yeux, qui sont une grande défiguration chez un chien blanc. Ici, je peux m'arrêter pour remarquer que ces marques gâcheraient également les jouets blancs Poms, n'eût été le fait que les jouets blancs de cette race sont rares. Les éleveurs ont fait de leur mieux pour les obtenir, et un bon nombre de petits spécimens – pesant moins de 6 livres – ont été élevés, mais les minuscules blancs présentés sont généralement déficients sur un certain point. De jouets blancs , plus de 6 livres. et en dessous de 8 livres, il y en a maintenant beaucoup et bons ; surtout dans un certain chenil de l'ouest du pays ; mais certains des meilleurs se rapprochent dangereusement de la limite de poids.

Les « canaux lacrymaux » qui ont conduit à cette digression peuvent être évités *en* appliquant une lotion à l'acide borique sur les yeux ; mais les taches sont souvent ineffaçables.

---

# CHAPITRE VIII

## MALADIES ET MALADIES

**L'anémie** – un état de dépression générale, avec appauvrissement du sang – est de toutes les maladies graves la plus courante chez les chiens. C'est cette condition qui fait que les chiens ont des vers ; c'est ce déficit de l'approvisionnement en sang, tant en quantité qu'en qualité, qui est à l'origine de quatre-vingt-dix cas sur cent de maladies cutanées. La cause initiale de la maladie chez les chiens jouets était la manière dont ils étaient, et sont malheureusement souvent encore, gardés, nourris et hébergés. Un certain nombre de chiens gardés ensemble dans un bâtiment chauffé artificiellement, confinés dans de petits enclos, obligés de respirer de l'air impur et nourris de farine indienne, de biscuits, de flocons d'avoine et d'autres céréales, avec peu ou pas de viande - c'est la vie de chenil, et une base splendide pour l'anémie . Nous savons tous comment les vers, l'eczéma et d'autres problèmes de peau assaillent les jouets gardés « dans des chenils », mais ce n'est que lorsque cette connaissance aura poussé les gens à renoncer à les garder ainsi et à transmettre à leurs chiots l'eczéma héréditaire et le sang vicié héréditairement. débarrassé de la tendance héréditaire à la pauvreté de sang qui fait de tant de chiens jouets des possessions d'anxiété plutôt que des sources de satisfaction pour leurs propriétaires.

Si une loi pouvait être adoptée obligeant tous les chiens à recevoir une ration journalière convenable de viande bonne, fraîche et pas assez cuite, et abolissant complètement l'alimentation farineuse, même pendant cinq ans, il n'est pas exagéré de dire qu'à la fin de cette période, l'eczéma en ses formes les plus courantes auraient disparu, les vers seraient l'exception rare plutôt que la règle, et la « maladie de Carré » aurait cessé d'être une chose de terreur.

Il est extraordinaire de constater à quel point des gens instruits, par ailleurs bien informés, peuvent se montrer sur ce sujet. J'ai reçu à plusieurs reprises des lettres dans lesquelles, après avoir détaillé un régime composé de puddings au lait, de bouillie d'avoine, de légumes, de pain et de sauce, etc., l'auteur ajoute gravement l'assurance : « Mais je n'ai jamais donné de régime farineux ! Les légumes verts et les féculents comme les pommes de terre sont absolument inutiles aux chiens et si indigestes qu'ils viennent au deuxième rang derrière les poisons absolus, comme les carottes et les navets. Aucun chien ne peut obtenir les sels minéraux nécessaires à un sang sain à partir de flocons d'avoine, de farine de maïs indien ou de tout autre repas, ni à partir d'un peu de cartilage séché et dur comme le fer ou d'une substance similaire, comme celle qui apparaît dans ce qu'on appelle la « viande ». " nourriture. Il ne peut extraire ces substances que de sa nourriture naturelle et appropriée : la viande. Les chiots nourris à la viande, à partir du moment où leurs dents peuvent la mordre, ne souffrent pas d'anémie et sont par conséquent indemnes de troubles cutanés : leur sang est riche et pur, et ils n'hébergent pas de vers. Je demande seulement à tout lecteur qui douterait de ces affirmations de tenter l'expérience très simple consistant à séparer une portée à sept semaines et à nourrir la moitié des chiots avec de la viande, bien sûr variée, découpée en petits morceaux et donnée en quantité modérée trois fois, puis deux fois. , par jour, avec une très petite proportion de farine de blé donnée simplement à titre de friandise et de variété, sous forme de petits biscuits sucrés ou de génoise, pour fournir l'essentiel des repas. Pas de sauce, de lait, de légumes, ni aucun liquide autre que de l'eau à donner. Les autres chiots de la portée peuvent être nourris selon le vieux plan artificiel et non naturel de repas constants, copieux et bâclés à base de lait. Si les conditions sont par ailleurs égales (beaucoup de plaisir, de soleil et d'exercice étant donnés), la différence entre les deux groupes de chiots sera probablement suffisamment marquée pour confirmer mon argument, avec en plus le fait que les chiots nourris à la viande seront trouvés. beaucoup moins répréhensibles à la maison avant le début de leur éducation, et infiniment plus faciles à former que leurs frères au régime farineux.

En cas d' anémie , se manifestant par des problèmes de peau, une nudité autour des yeux, un appétit faible ou capricieux, une langueur, une haleine désagréable, une maigreur et un aspect général de manque d' économie , un régime carné libéral est la première nécessité, et beaucoup d'air frais. pas nécessairement un exercice dur, pour lequel le patient est généralement inapte – le suivant. Un tonique est toujours souhaitable et le fer est le plus approprié. Il existe plusieurs formes de ce médicament utile. Une teneur réduite en fer peut être administrée à très petites doses ; le sulfate de fer est bon marché et utile sous forme de pilules : les deux ont tendance à constiper. Le carbonate de fer saccharé est une belle préparation qui ne constipe pas ; c'est même un peu laxatif en action. C'est une poudre, insipide sauf pour le goût sucré, et sera prise assez facilement si elle est saupoudrée sur de la viande, ou elle peut être transformée en pilules avec l'ajout d'un tonique amer, comme sous la forme des pilules toniques Kanofelin . C'est la forme de fer la plus chère, mais cela ne veut pas dire grand-chose, car toutes sont ridiculement bas. La dose pour un jouet est de deux à quatre grains deux fois par jour, pendant ou immédiatement après un repas. L'huile de foie de morue est un médicament utile dans les cas graves d' anémie , spécialement lorsque, pour avoir ou avoir hérité de cette habitude corporelle, un jouet à poil long est toujours pauvre en poil. Certains chiens n'ont jamais de poil, simplement parce qu'ils n'en ont pas la force, et d'autres héritent d'un poil clairsemé. Mais s'il y a des cheveux en réserve, une cure d' huile de foie de morue les aidera, et sa préparation avec du malt est bien meilleure que l'huile de foie de morue nature. Cependant, l'huile de foie de morue bon marché est horrible et ne devrait jamais être administrée. Cela n'agira que comme un purgatif et sera pire qu'inutile. Un chien ne devrait jamais non plus être obligé de prendre cette substance s'il ne l'aime pas. Mais si le patient anémique et à faible enrobage veut bien le prendre, une cuillerée à café d'une bonne marque d'huile de foie de morue et d'extrait de malt, en plus de trois grains de carbonate de fer sacchara deux fois par jour, avec un régime carné, donnera un résultat merveilleusement différent. chien de lui dans six semaines ou deux mois.

Il est tout à fait inutile de donner un tonique pendant une semaine ou une dizaine de jours, ou de façon irrégulière. Il faut qu'il soit administré longtemps et avec une parfaite régularité, sinon il ne sert à rien : il faut qu'il ait le temps de s'absorber dans l'organisme, de s'y imprégner et d'être absorbé par le sang.

**Mauvaise dent.** — L'existence de chancres dentaires chez les chiens est généralement une autre conséquence d'un mauvais élevage et d'une alimentation farineuse. Les chiots nourris à la viande, issus de parents nourris à la viande, ont des dents remarquablement saines, alors que chez les chiens de chenil , il n'est pas rare de trouver des spécimens de bouches entièrement chancreuses, et cette condition est certainement parfois transmise à la progéniture. Les dents sont jaune foncé ou brunes, l'émail dentaire est mou et dans les cas graves, elles tombent. Les gencives sont molles, spongieuses et pâles. La maladie étant constitutionnelle, peu ou rien ne peut être fait pour arrêter la carie dentaire, qui semble heureusement indolore. Le chien doit être soigneusement nourri avec la viande la plus nutritive et la moins cuite, et la bouche peut être lavée quotidiennement avec une solution très faible de permanganate de potasse : juste assez de cristaux pour teinter en rose l'eau tiède utilisée. La meilleure façon d'effectuer cette petite opération, à laquelle la plupart des chiens s'opposent très fortement, est de demander à quelqu'un de tenir la tête, le nez pointé vers le bas, au-dessus d'une bassine, et d'introduire l'embout d'une seringue à bille de gutta-percha entre les deux. les lèvres à l'arrière d'un côté, en les laissant entrer dans cet endroit de la mâchoire où il y a un hiatus entre les dents inférieures. Deux ou trois pressions de balle laveront alors la bouche assez efficacement.

Cet état chancreux des dents des chiens peut être provoqué par l'absorption de mercure dans le système. Un chien qui souffrait d'un eczéma récidivant très tenace, hérité de parents mal élevés, fut apparemment guéri comme par magie lorsqu'il fut envoyé chez un vétérinaire, qui le pansa entièrement avec une pommade mercurielle. L'amélioration de son état s'est poursuivie pendant environ trois mois, lorsqu'on a découvert qu'il mangeait avec difficulté. Sa bouche étant examinée, les dents, auparavant saines, se révélèrent semblables à du cuir foncé, jaune-brun, et les gencives douloureuses. L'évolution suivante prit la forme d'une tumeur cancéreuse dans les narines postérieures, et le pauvre animal mourut ainsi, victime d'un

« sort » cruel pour lequel le chirurgien avait obtenu le crédit d'une guérison. De tels cas ne sont pas du tout rares.

**Les caries dentaires** , comme celles qui affectent nos propres dents lorsqu'elles se décomposent et doivent être arrêtées, angoissent occasionnellement les chiens, mais heureusement pas souvent. Ils peuvent meurtrir la pulpe dentaire à l'intérieur d'une dent en mordant très fort sur un os, ou en jouant trop brutalement, et surtout en portant des pierres, une très mauvaise pratique. La seule chose à faire est généralement d'extraire la dent sous chloroforme, car il est difficile de trouver des cani-dentistes qui sauront stopper une dent cariée. Un chien qui a mal aux dents, se frottant le visage contre le sol et pleurant, est un spectacle pitoyable.

**Les abcès entre ou sur les orteils** sont une forme d'eczéma et doivent être traités constitutionnellement, comme suggéré sous la rubrique Anémie , la cause habituelle de l'eczéma. Les chiens s'inquiéteront de ces plaies et il faut les empêcher de le faire en enfermant le pied dans une chaussette en calicot lavé solide, nouée autour de la jambe avec du ruban adhésif. Avant d'enfiler la chaussette, pansez la plaie avec de la poudre d'iodoforme ou une pommade au zinc.

**d'amarrage** . — Être abreuvé n'est pas une affection ni une maladie, mais comme une opération effectuée avec négligence peut mettre une conclusion très triste à la vie d'un précieux chiot, il convient d'en dire un mot. L'amarrage ne doit jamais être laissé jusqu'à ce que les yeux soient ouverts et que le système nerveux soit complètement organisé. A un tel âge, c'est une cruauté grossière et le risque d' hémorragie est énormément accru. À moins que les chiots ne soient très faibles, ils doivent être mis bas au plus tard à l'âge de cinq jours. Heureux le propriétaire dont les Poms ou les Pugs ne nécessitent pas une telle amélioration ! Le propriétaire de Schipperke a été particulièrement compatissant ou vitupéré, selon le cas, mais en fait, entre les mains d'un chirurgien compétent, habitué à opérer ces chiens et d'autres, il n'y a pas un iota de plus de risque ni plus de douleur. ou plus de difficultés que lorsqu'il s'agit d'un terrier. L'amarrage doit être effectué par un vétérinaire qualifié, avec les précautions antiseptiques appropriées. Ses mains et les ciseaux puissants utilisés sont d'abord soigneusement antiseptiques par lavage avec une solution carbolique ou une autre solution antiseptique, et l'opération peut être effectuée sans que le chiot ne perde de sang. Les plaies sont pansées avec de la poudre d'iodoforme et de la poudre d'acide tannique, mélangées, et dans une heure la mère, qu'il faut envoyer se promener pendant que le chirurgien est dans la maison, leur sera admise, et elles suceront comme si il ne s'était rien passé. Parfois, en raison d'une certaine idiosyncrasie de l'individu, un chiot peut saigner après la mise bas et il faut donc toujours le surveiller attentivement. S'il y a quelque hémorragie , baignez-vous avec de l'eau très froide dans laquelle de l'alun a été dissous, et appliquez un styptique, comme l'acide tannique ou le perchlorure de fer. Mais il est toujours bon de demander à l'opérateur de rester environ une heure, jusqu'à ce que tout risque soit écarté. Les vaisseaux sanguins se bouchent très vite à leurs extrémités (pour employer un langage peu technique), et la langue de la mère, réadmise après l'intervalle nécessaire, ne fera aucun mal. Bien que l'amarrage ne soit ni dangereux ni cruel lorsqu'il est effectué correctement sur des chiots si jeunes qu'ils ont peu ou pas de sensation dans leurs nerfs sous-développés, c'est une barbarie de laisser une personne ignorante, comme un palefrenier ou un cocher, le faire ; et le propriétaire du chien, qui ne sacrifiera pas suffisamment sa propre répugnance possible pour coopérer avec le chirurgien habile à le faire correctement, a au moins le devoir envers ses stupides personnes à sa charge de le payer pour qu'il prenne tous les soins raisonnables et apporte un assistant pour les tenir et rester jusqu'à ce qu'ils soient tout à fait en sécurité et confortables.

**Crises bilieuses .** — Un léger frisson, pendant les périodes de vent d'est de l'année, ou dû à toute exposition excessive au froid, provoquera parfois une crise de foie chez les chiens, tandis que certains sont habituellement sujets à des maux de tête, à la manière de leurs propriétaires. Un chien bilieux frissonne, a l'air malheureux, fait ressortir un peu de liquide jaune ou de la mousse, après de nombreux haut-le-cœur, et refuse de manger. Une telle attaque est toujours facile à diagnostiquer, car le nez reste généralement froid et humide, alors qu'il n'y a pas d'augmentation de la température. Les mêmes symptômes, avec de la fièvre, signifieraient probablement le début d'une maladie grave, nécessitant des conseils avisés ; mais sans élévation de température, ils ne sont pas importants, à moins qu'ils ne résistent au traitement et continuent pendant plus de douze heures environ. Le patient doit être maintenu au chaud, couvert avant le feu si le temps est mauvais et recevoir une pilule molle de trois grains de carbonate de bismuth et un grain de bicarbonate de soude, toutes les quatre heures, jusqu'à ce que l'appétit revienne.

**La perte d'appétit** est un symptôme à ne jamais négliger. Il est peut-être tout à fait juste que les propriétaires de chiens de sport utilisent la phrase si fréquemment entendue : "Oh, s'il ne veut pas manger, il va mieux sans cela", mais le manque d'appétit chez un chien de jouet ne devrait jamais être indifférent. au propriétaire. Cela peut évidemment provenir uniquement d'une alimentation excessive antérieure, et les chiens trop nourris sont certainement sujets à des crises bilieuses qui n'appellent pas beaucoup de sympathie ; mais il est toujours désirable de s'assurer qu'il n'y a rien de plus grave avant de laisser tomber le sujet. Dans les cas où la perte d'appétit est le précurseur et l'accompagnement d'une maladie, comme dans le cas d'une maladie de Carré, il serait très imprudent de laisser le chien seul et, en le laissant se priver de nourriture, de réduire sa vitalité et de donner à la maladie une emprise plus ferme. . En règle générale, un chien peut être autorisé à sauter un repas sans trop d'anxiété ; mais si une seconde est refusée, il faut faire une enquête et prendre la température sans perte de temps. Un thermomètre clinique est un complément très utile dans la salle des chiens et à toute température supérieure à 100 degrés . ou 101 degrés – la première température normale du chien – est suspecte. La façon la plus simple de le prendre est d'insérer l'instrument entre la cuisse et le corps et, pour ainsi dire, de les maintenir ensemble par-dessus. Les chiots refusent souvent de manger simplement parce que leurs gencives sont douloureuses à cause des poussées dentaires, et là encore, il serait extrêmement insensé de les laisser vivre dans un état de semi-famine. Lorsqu'on voit un chiot ramasser sa nourriture avec ses dents de devant, secouer chaque morceau et le retourner avec indifférence, c'est un signe assez certain qu'il ne peut pas manger confortablement ; si le processus naturel de coupe des dents est défectueux, il suffit de lui donner de la viande hachée et des aliments mous mais secs (une génoise sera presque toujours négociée volontiers) et de surveiller s'il en a assez pour subvenir à ses besoins. le mettre en bonne condition et le faire traverser la période critique ; si, comme c'est parfois le cas chez un chien plus âgé, une première dent trop persistante provoque une irritation et nécessite d'être extraite, il faut faire appel aux services du vétérinaire, car il est déconseillé à tout amateur de s'essayer à la dentisterie canine. La principale caractéristique de la « nouvelle » maladie de Stuttgart, ou encore de la gastrite, est l'incapacité de prendre de la nourriture, la bouche étant ulcérée, en plus des complications gastriques ; et ici encore, le début d'une perte d'appétit doit être considéré avec suspicion. La simple biliosité n'est pas courante chez les chiens bien nourris, mais elle est parfois provoquée chez les individus par ce que je peux être si techniquement médical que j'appelle l'idiosyncrasie, à savoir l'incapacité de digérer certains aliments. De nombreux chiens jouets ne peuvent pas manger de légumes, qui bien sûr sont pour tous peu naturels et très indigestes, et d'autres sont invariablement malades si on leur donne du lait, et le chien ne peut pas plus remédier à ces particularités que les êtres humains qui souffrent de la même manière. La biliosité, provoquée soit par une alimentation excessive, soit par un refroidissement du foie, soit par un aliment inadapté, est facilement reconnaissable, et ici une abstinence pendant un certain temps *est* recommandée. Le patient aura froid, aura probablement les pattes froides, et pourra être malade plusieurs fois, ne produisant qu'un peu de mousse jaune ; la plupart des chiens mangent de l'herbe et se sentent bientôt mieux, ne nécessitant aucun médicament ; mais si l'appétit ne revient pas rapidement, donnez une pilule de bismuth et de soude toutes les quatre heures, la proportion étant de trois grains de bicarbonate de soude pour un grain de carbonate de bismuth.

**L'indigestion** n'est pas rare chez les chiens jouets et conduit fréquemment à l'odieuse habitude de manger des choses horribles dans la rue, dont les propriétaires de chiens se plaignent parfois, et avec raison. La présence de vers conduit également à cette habitude, et là où elle existe , on peut d'abord les soupçonner ; et alors, si leur existence est réfutée, l'indigestion apparaît comme le facteur probable. Son traitement n'est pas difficile, mais la propriétaire doit se résoudre à persévérer et à nourrir elle-même son chien : aucune servante, aussi prudente soit-elle, ne possède assez de jugement pour s'occuper d'un cas de ce genre. Une régularité absolue dans l'alimentation est nécessaire ; les repas doivent être petits, mais très nourrissants, et le chien ne doit pas être autorisé à boire immédiatement après avoir mangé. Un tonique digestif contenant de la nux vomica est presque toujours utile, mais ce n'est pas un médicament qui peut être prescrit en général, car la nux vomica est en soi un médicament dangereux et agit beaucoup plus librement sur certains chiens que sur d'autres, ce qui le rend très imprudent. prescrire « tant » à tous les chiens. Sous cette réserve, je donnerai une prescription destinée à un Yorkshire terrier pesant environ 6 livres, qui peut être essayé en toute sécurité sur des jouets pesant entre 5 livres et 2,5 kg. et 8 livres. poids, la quantité de cet ingrédient particulier étant réduite de moitié pour les chiens pesant entre 4 lb. et 5 livres. et des deux tiers pour les chiots jouets, sur lesquels son administration doit être surveillée avec une vigilance particulière : [Rx] pulv . nucis vom ., gr.; pulv . base gentianæ , 1 gr.; glucides. bismuthi , 4 gr.; bicarbe, sodium , 1½ grs.; ferri glucides. sacch ., 3 grs. Exposition MHD . cum cib . bis vel ter die. Une pilule quelque peu similaire, mais supérieure à certains égards, est vendue comme l'un des remèdes Kanofelin .

Le symptôme d'une trop grande sensibilité à l'action de la strychnine ( nux vomica) sera, en termes gras, des contractions et de la nervosité, et lorsque l'on observe que celles-ci suivent une dose , il faut la diminuer ou l'arrêter complètement, et dans ce dernier cas, la poudre sans le premier ingrédient peut être essayé.

**Respiration et éructation désagréables.** — Bêta-naphtol, administré en comprimés contenant ½ gr. chacun est un médicament précieux dans les cas d'indigestion où des éructations et une haleine désagréable sont perceptibles. Pour les jouets de moins de 5 livres. ¼ gr. des pilules doivent être administrées ; dans les deux cas, un comprimé à administrer environ dix minutes après chaque repas. L'effet du médicament est simplement de contrôler la fermentation des aliments et la formation conséquente de gaz nauséabonds dans l'estomac. Lorsque cette forme d'indigestion s'accompagne de diarrhée , on peut administrer du salol à la place du naphtol, aux mêmes doses ; mais celui-ci et le naphtol ne conviennent pas également à tous les chiens, mais ni l'un ni l'autre ne peuvent faire de mal, et si le patient est malade après une dose, le signe a été donné qui marque le traitement comme inadapté à son individualité. Comme dans le cas des patients humains, le médecin canin devra peut-être essayer plusieurs méthodes de traitement avant de trouver le remède. Les pilules sont souvent difficiles à donner, ce qui n'est pas le cas du charbon végétal en poudre, auquel peu de chiens s'opposent lorsqu'il est saupoudré sur leur nourriture et légèrement recouvert de quelques petits morceaux d'une chose très délicate ; mais lorsque le propriétaire préfère donner des médicaments en dehors de la nourriture, il est toujours possible d'enfermer la poudre dans une capsule. Une poudre simple et sans goût fait partie des remèdes Kanofelin , et peut toujours être essayée, donnée avec la nourriture, en cas d'indigestion.

**Le méchant .** — Le manque d'appétit sans raison particulière, si ce n'est une débilité générale de l'estomac, est la caractéristique fâcheuse de l'horreur de l'homme de chenil, du « méchant », qui se caractérise par sa maigreur et son mauvais poil. Çà et là nous trouvons un petit chien maigre que rien ne peut engraisser ; presque jamais affamé et délicat au grand plaisir de son propriétaire ; un chien qui ne veut pas manger dans un endroit étranger ou dans une assiette inhabituelle, et qui ne fait que maigrir et devenir plus malheureux à cause de ce qu'il *mange* . C'est un bien peu enviable, mais il faut tirer le meilleur parti de lui, l'amadouer avec des repas petits et fréquents, car il acceptera souvent une cuillère à café de viande crue hachée, ou une cuillère à soupe de crème, là où il ne regarderait même pas un plat ordinaire. de la farine de chien, et relevez-le du mieux que nous pouvons pour le spectacle avec un œuf fraîchement pondu chaque jour, battu dans un très peu de lait, et cette aide utile et précieuse du propriétaire de chien, de l'huile de foie de morue et du malt. La plupart des chiens le prendront avec un peu de viande tentante pour l'aider à se calmer. Bien sûr , il ne faut pas le pousser au début, mais le donner, pour commencer, à très petites doses, et l'augmenter progressivement jusqu'à ce que notre chien utilement typique de 6 livres prenne une cuillère à café complète deux fois par jour. C'est un merveilleux producteur de cheveux. L'huile de foie de morue seule, sans le malt, est beaucoup moins utile, et les préparations bon marché de l'une ou des deux doivent être strictement évitées ; dans la nature des choses, un tel médicament ne peut pas être bon marché, si l'on veut qu'il soit tout à fait bon. Et ici, je peux faire remarquer que ce n'est pas parce que nous avons affaire à un chien que nous devrions lui administrer des médicaments bon marché de quelque sorte que ce soit . Son système est tout aussi beau et délicat dans son équilibre que celui d'un être humain, bien que ses dents et sa digestion puissent être plus fortes - ce n'est pas toujours le cas - et l'administration de médicaments impurs ou frelatés est tout aussi importante. une cruauté envers la machinerie humaine. Donner à un chien de jouet de l'huile de foie de morue brute, imparfaitement purifiée, parce qu'elle est bon marché, c'est comme s'attendre à faire de belles sculptures sur du chêne avec une hachette, car il *s'agit* de chêne et non de bois satiné.

**internes** . — En aucun cas le progrès moderne des connaissances n'a révélé plus d'erreurs, considérées autrefois comme des croyances fermes, que lorsque les parasites internes — qui pour notre propos actuel, ceci n'étant qu'un manuel populaire, peuvent être classés comme les ténias et les vers ronds — de le chien est inquiet. Il y a seulement quelques années, si un chien souffrait d'une maladie de peau sous l'une de ses nombreuses formes, les « vers » étaient immédiatement cités comme cause. Nous savons désormais – ou plutôt ceux d'entre nous qui ont une certaine compréhension de l'anatomie et de la physiologie canines ou qui croient sur parole le scientifique – que les vers ne provoquent rien : ils ne sont pas une cause, mais un effet. C'est un symptôme d' anémie ; et comme les troubles cutanés accompagnent presque invariablement tout degré grave d' anémie chez le chien, les troubles cutanés et les vers se trouvent généralement ensemble. Nous ne pouvons donc pas guérir les chiens porteurs de vers en leur administrant des doses expulsives , aussi enthousiastes et retentissantes soient-elles, de divers médicaments irritants qui agissent comme des vermifuges. Nous ne pouvons par ce moyen que temporairement chasser l'ennemi, qui reviendra certainement, parce que les conditions qui règnent dans un intestin anémique lui conviennent parfaitement et favorisent son accroissement, tandis que dans un intestin sain, il partage plus ou moins le sort des aliments. étant digéré et est incapable d'augmenter rapidement ou durablement. L'effet d'un état anémique ou vicié de l'apport sanguin aux villosités, ou, en langage non scientifique, des pores digestifs qui existent partout dans la muqueuse mucoïde du tractus intestinal, est d'empêcher qu'elles rejettent ces sucs forts ou digestifs. fluides qu'ils produisent normalement. Leurs sécrétions sont altérées et affaiblies, et n'ont aucun effet nuisible sur les parasites, qui augmentent alors rapidement. Quand, par conséquent, il devient évident, par l'apparition de courts segments blanc jaunâtre, généralement d'environ un pouce de long et variant en largeur d'une simple ligne à environ un quart de pouce, laissés tomber par un chien, ce ténia existe; ou bien on voit, en les vomissant ou autrement, qu'il a des vers ronds, qui ressemblent un peu à des vers de terre, ce que nous devons faire est de modifier l'état de santé général qui permet à ces parasites d'exister. Bref, il faut traiter le chien pour l'anémie , sujet déjà évoqué. Il est bien sûr parfois possible qu'un chien en bonne santé, nourri à la viande, soit accidentellement infecté en avalant des ovules de ténia, et dans un tel cas, quelques parasites peuvent être hébergés pendant un temps considérable, sans augmenter, mais maintenant puis rendre manifeste leur présence. L'infection est possible en avalant des puces, qui sont des hôtes intermédiaires du ténia, ou en mangeant l'intérieur des lapins, qui pullulent habituellement avec ces créatures, ou, de l'avis de certaines autorités, en reniflant les ovules par les voies nasales. passages et les avaler ensuite. Mais comme on ne peut pas toujours être sûr que le chien apparemment en bonne santé n'est pas un peu en dessous de la moyenne, il est toujours bon de le traiter avec une cure de fer, en lui donnant les poudres ou les pilules toniques conseillées contre l'anémie pendant un mois, et au bout d'un mois. Passé ce délai, lorsque le système sera tonifié de manière que la position des vers soit presque intenable et que leur expulsion sera définitive, on pourra donner une ou deux doses de vermifuge. Toutes sortes de remèdes charlatans ont été loués et vantés comme étant infaillibles, mais beaucoup sont extrêmement drastiques et certains sont franchement dangereux. La noix d'arec, si fréquemment conseillée, est un irritant des plus violents, voire un poison par ses effets sur les jeunes chiots, et un remède très cruel dans tous les cas. L'huile de ver, une préparation américaine, provenant peut-être de l'une des inulas, une famille de plantes connues dans les jardins anglais, est parfois un ingrédient ; aussi des substances très impropres, inertes, inutiles ou dangereuses, comme le sulfate de magnésie, le sel ou la vache , avec de fortes doses de santonine , médicament qu'il ne faut jamais donner en quantité indéterminée. Une violente action purgative accompagne souvent ces remèdes secrets, ajoutant à leur danger. Le propriétaire d'un chien intelligent doit savoir ce qu'il donne et, dans une certaine mesure, comprendre son action ; mais dans un pays où les médicaments charlatans et très annoncés sont largement donnés aux enfants, je suppose qu'il sera difficile d'empêcher qu'ils soient également administrés aux chiens. Dans tous les cas, aucun médicament contre les vers, de quelque sorte que ce soit, autre qu'un tonique à base de fer, ne doit être administré aux jeunes chiots, aucun médicament connu possédant une action plus forte que le fer sur les parasites n'est sans danger pour les chiots jouets de moins de trois mois. Après cet âge, il est prudent de donner de très petites doses d'huile de fougère mâle et des doses absolument infimes de santonine . Il est préférable de les combiner dans une capsule, sous laquelle ils peuvent être administrés sans angoisser le patient, et une capsule parfaitement sûre selon cette formule fait partie des remèdes Kanofelin , qui ne sont pas secrets, mais sont composés après avoir été reconnus . formules , et conviennent également aux chiens ou aux enfants dans la pureté de leurs médicaments et la sécurité de leur action. Si l'un des remèdes populaires annoncés est utilisé pour des adultes, l'expérimentation doit d'abord être faite avec des doses beaucoup plus faibles que celles citées, et la sécurité ainsi assurée, car une dose microscopique agira souvent assez sévèrement pour le but du propriétaire du chien jouet, et les chiens sommes aussi diversement sensibles à l'action des médicaments que nous-mêmes.

Chez les très jeunes chiots, l'éducation par la bouche de vers ronds n'est pas du tout inhabituelle, surtout lorsqu'il s'agit de chiots nés de parents "en chenil", de chiens entassés en grand nombre, insuffisamment nourris (bien qu'il soit possible qu'ils soient nourris d'une quantité excessive de flocons d'avoine et d'Indien). farine de maïs), privés de viande et menant une vie totalement contre nature à tous égards. C'est plutôt un choc pour un amateur lorsque cela se produit, mais en règle générale, il y a peu d'anxiété à ressentir, car si le chiot est correctement nourri avec de petits repas secs très digestibles et nourrissants, par exemple deux cuillères à soupe de rumsteck bien cuit. , ou la même quantité de mouton rôti, trois fois par jour pour un chien de la taille d'un carlin, et étant donné une dose d'un grain de fer avec deux de ces repas, il sera presque sûr de se sortir de ses ennuis. Dans tous les cas, il faut veiller avec une grande attention à maintenir les forces du malade, afin de le soutenir dans le temps où, en raison de sa jeunesse et de son petit estomac très sensible, il est impossible de lui donner en toute sécurité des médicaments plus puissants.

Une maigreur extrême et une perte de pelage sont parfois attribuées à ce merveilleux pouvoir que possédaient les vers, aux yeux d'un ancien mode. Ces deux symptômes sont ceux d'un état anémique , tout comme le trouble de la respiration. Enfin, le traitement de cet épouvantail surestimé en termes de maladies, les « vers », se résume facilement ainsi : alimentation par la viande ; un tonique de fer ; un vermifuge après la cure tonique, et pas avant.

Après les capsules de fougères mâles, il est tout à fait inutile de donner un apéritif. La plupart des inventeurs de « pilules contre les vers » et autres ordonnent que l'huile de ricin soit administrée après leurs bolus, ce qui constitue une terrible aggravation à la fois pour l'opérateur et pour le patient.

**Apéritifs.** — Certains pensent qu'il est souhaitable de donner aux chiens des doses périodiques, selon le vieux principe de la "médecine printanière", étendue sur toute l'année. Aucune erreur plus grave ne peut être commise. Un chien ne doit jamais recevoir de médicaments d'aucune sorte à moins qu'il ne soit vraiment malade, et cela ne se fera jamais dans le sens indiqué s'il est correctement nourri et régulièrement exercé. La nourriture naturelle et appropriée d'un chien est la viande ; mais le stimulus de distension doit être donné à l'intestin en ajoutant à la viande une certaine quantité d'aliments innutritifs. Nous ne pouvons pas donner assez de viande pour permettre constamment ces mesures de relance, car nous risquons ainsi de surcharger le système. A l'état de nature, les chiens mangeaient la fourrure et la peau de leurs proies, comme les autres carnivores : il faut maintenant leur donner une certaine proportion, mais seulement une petite, de biscuits à base de blé (et non de farine d'avoine ou de maïs indien, qui sont trop indigeste) ou de pain brun, pour apporter du volume sans nourriture. Ils peuvent, si un apéritif est absolument nécessaire, prendre un repas de foie bouilli, une ou deux cuillerées à café d'huile d'olive pure versées sur un peu de viande, ou données à la cuillère, ou de l'huile de foie de morue, qu'ils peuvent prendre volontairement, et est tout aussi efficace. Le lait est très laxatif, et quelquefois, là où il n'y a pas de biliosité, une petite soucoupe fait une bonne apéritif. Emmenez toujours un chien courir à la même heure de la journée, qu'il soit mouillé ou en pleine forme, et ne perdez jamais de vue qu'un petit animal domestique bien élevé et propre peut provoquer une dangereuse crise de constipation par ses bonnes manières s'il l'appel à la promenade est ignoré.

**Épagneul japonais typique.**

**Maladie de Carré.** — En réalité, la maladie de Carré n'existe pas. Il y a deux maladies, ou deux groupes de maladies, toutes deux plus ou moins contagieuses, qui, faute d'un diagnostic habile, sont indifféremment nommées ainsi, mais leur appellation populaire est si fermement enracinée que la « maladie de Carré » sera avec nous jusqu'à la fin de l'année. ce chapitre, et tant que la maladie est correctement traitée, peu importe qu'on l'appelle catarrhe bronchique, gastro-entérite, typhoïde ou maladie de Carré. Peut-être, dans un manuel non destiné aux érudits, sera-t-il très utile, car il est certainement très simple et, je pense, pratique, de parler de « deux formes de maladie de Carré », puisque les maladies thoraciques et pulmonaires du chien toutes nécessitent un type de traitement à domicile, et les maladies les plus courantes du tractus intestinal peuvent en toute sécurité être regroupées comme nécessitant un autre style de traitement assez uniforme. Au-delà de cela, le propriétaire de chien non médical n'est pas sage de s'aventurer, car il est tout aussi nécessaire qu'un patient canin reçoive des conseils avisés que de l'appeler pour son maître, c'est-à-dire si son rétablissement est souhaité.

En gros, il existe donc deux sortes de maladies : celle qui affecte le nez, la gorge et la poitrine et qui, dans des cas légers, peut passer pour un très mauvais rhume, et celle qui affecte le canal intestinal, impliquant tout le système alimentaire. . Cette dernière est certainement la plus difficile à traiter pour un amateur, et décidément la plus mortelle ; mais heureusement, la première est la plus courante. Il est très facile de savoir quand un chien est sujet à une maladie de Carré sous forme catarrhale, et dans cet état, il a, je pense, beaucoup plus de chances de se porter bien s'il est soigneusement soigné à la maison ; mais dans la forme typhoïde, il faut des soins infirmiers qualifiés pour rendre justice au cas, et les conditions physiques sont telles que si - c'est un grand "si" - le bon type de vétérinaire peut être trouvé, le chien a de meilleures chances avec lui.

Les symptômes de la maladie catarrhale sont des frissons, de la fièvre, une température généralement peu élevée au début, mais un degré ou deux au-dessus de la normale, un écoulement abondant des yeux et du nez, et enfin tous ceux d'un mauvais rhume fiévreux ; et le traitement peut être exactement celui que nous devrions donner à un enfant dans les mêmes circonstances. L'essentiel, dans les deux cas, est de conserver la force dès le début ; c'est bien plus important que de donner des médicaments, quels qu'ils soient, et si le patient ne veut pas manger, il faut lui donner à manger de force. Je ne veux pas dire par là qu'une grande quantité de nourriture devrait être imposée à l'animal réticent ; il devrait prendre environ deux cuillerées à café d'un aliment invalide toutes les deux heures, et celui-ci devrait être aussi varié que possible et conservé aussi doux et délicat que pour un patient humain. Un œuf cru battu avec le moins de lait possible ; un petit bon thé de bœuf, préparé en coupant du bœuf cru et maigre en petits cubes, et en en extrayant lentement tous ses bienfaits dans un pot en terre cuite bien couvert, au four, avec seulement deux cuillères à soupe d'eau pour une livre de viande. ajoutée; bouillon de veau préparé de la même manière ; l'arrow-root, additionné de quelques gouttes de jus de viande crue ; du thé de poulet fort, avec un peu de riz bouilli et égoutté - tout cela peut être utilisé pour changer. Certains chiens mangeront des aliments solides tout au long de la maladie, ce qui simplifie énormément les choses. Lorsqu'il n'y a pas d'appétit, des liquides ou des semi-liquides doivent être administrés. Les aliments concentrés et autres préparations invalides, bien qu'utiles à l'occasion, pâlissent et rendent très vite le patient malade, et bien que l'utilisation de choses de ce genre évite des ennuis, elles n'ont pas le même effet, pour conserver les forces, qu'une bonne et honnête cuisine maison. La nécessité d'un tel régime et d'une telle alimentation est la même dans les deux formes de maladie de Carré, et le chien ne doit pas être laissé toute la nuit sans attention, mais également nourri à intervalles réguliers. La chaleur et l'uniformité de la température viennent ensuite en importance. Une petite veste de flanelle ou un cache-coeur, fait de flanelle épaisse et neuve, vaut des cataplasmes, et doit être mis et conservé pendant une bonne partie de la convalescence, quand, bien sûr, il ne faut pas l'abandonner trop brusquement. Je ne parle pas des médicaments, des cataplasmes proprement dits, etc., car un malade atteint de maladie de Carré, étant donné les complications qui peuvent toujours survenir dans cette maladie, doit être soigné sous la direction d'un vétérinaire compétent. J'insiste seulement sur le besoin de se nourrir et de se réchauffer.

Les malades de la maladie de Carré ne peuvent pas sortir par temps froid, à moins de ne pas tenir compte du grand risque qu'ils courent dans un tel changement de température ; par conséquent, dès que la maladie se déclare, il est bon d'installer le patient dans un endroit où l'on peut lui fournir un plateau de terre, maintenir un calme absolu et une chaleur uniforme, et y laisser la maladie suivre son cours.

Les rechutes de la maladie de Carré sont encore plus graves que la première crise, et elles surviennent très souvent là où le patient est autorisé à sortir, ou à bouger trop tôt ou trop. Les stimulants – brandy et porto – sont très utiles là où la faiblesse est grande, et le champagne sera souvent gardé là où l'eau ou le bouillon seraient rejetés.

La "nouvelle" maladie, communément appelée maladie de Stuttgart, qui a suscité tant d'enthousiasme parmi les propriétaires de chiens au cours des deux dernières années, et est de la nature d'une gastrite, ou inflammation de la membrane muqueuse de l'estomac, se propageant de haut en bas. , appelle à certains égards un traitement tout à fait différent de celui de la maladie de Carré, forme typhoïde. Ils se ressemblent en ceci : qu'une cuillerée à café ou deux de champagne glacé ou de soda glacé et de lait seront parfois retenus là où rien d'autre ne le fera, mais dans le catarrhe gastrique, ou gastrite, le patient ne doit pas être autorisé à boire de l'eau, ou à faire le moindre effort.

Il serait peut-être préférable de préciser ce qui, je suppose, n'est pas encore connu de tous les propriétaires de chiens, à savoir le fait qu'il n'est en aucun cas nécessaire qu'un jouet, ou tout autre chien d'ailleurs, ait maladie de Carré. Comme la scarlatine chez le sujet humain, la maladie de Carré peut survenir ou non au cours de la vie d'un chien. L'enfant contracte la scarlatine s'il a été infecté, et le chien est atteint de la maladie de Carré si la contagion lui a été transmise soit par une personne qui a été à proximité d'un chien atteint, soit par ce chien lui-même, soit par un objet sur lequel des rejets infectés de toute nature ont été déposés.

Le seul reproche que nous avons tous avec les expositions est qu'elles offrent certainement des opportunités de propager la maladie de Carré aux personnes qui ne considèrent pas son existence dans leur chenil comme une raison suffisante pour refuser les entrées, et portent la contagion avec eux, même si les chiens qu'elles exposent peuvent être en eux-mêmes non affectés. Un conseil ancien et toujours donné en cas de maladie de Carré était qu'au début de la maladie, il fallait administrer une dose d'huile de ricin ou un autre apéritif. Je n'hésite pas du tout à dire que, tandis que l'huile de ricin - pour le chien un violent purgatif irritant - a enlevé de nombreux chiots et adultes délicats qui, s'ils ne se sont pas tellement affaiblis au moment où toutes les forces de réserve étaient le plus nécessaires, aurait pu s'en sortir, cette pratique est pour le moins erronée. S'il existe une probabilité qu'il y ait une accumulation dans l'intestin qui aurait besoin d'être éliminée, l'huile d'olive pure fera tout, et plus que l'huile de ricin, et ne causera ni la douleur du moment ni la constipation ultérieure, qui sera l'inévitable résultats, s'il n'y en a pas de pires, de la drogue la plus forte et, je dois l'appeler, la plus vile. Une autre erreur est la prétendue opportunité de se laver constamment les yeux et le nez avec de l'eau tiède. Souvent, cela n'est pas correctement séché, ce qui donne un effet de refroidissement, tandis que tout ce tracas et toute cette inquiétude sont tout à fait inutiles et ne servent à rien. Un petit morceau de vieux chiffon de lin peut être déchiré et les fragments utilisés pour nettoyer les écoulements sont immédiatement brûlés. Une, voire deux fois par jour, une éponge imbibée de lotion boracique peut être utilisée, mais avec parcimonie.

Le mot d'ordre en matière de maladie de Carré, comme je l'ai déjà dit, est l'allaitement (de bons soins suffisent à eux seuls à guérir la plupart des chiens) et je m'abstiens délibérément de donner des prescriptions, car, comme chaque cas varie selon les circonstances et la constitution du patient, chacun doit être prescrit pour sur ses mérites.

Depuis bien trop longtemps, nous avons suivi une méthode grossière et empirique consistant à doser les chiens de la même manière, sans égard à l'idiosyncrasie, qui a toujours été aussi marquée chez eux que chez l'espèce humaine. et plus tôt nous changerons tout cela et étudierons chaque chien selon son espèce, mieux ce sera pour eux et pour nous.

**de peau .** — Ce qui est le plus ennuyeux dans les affections cutanées qui affectent parfois les chiens jouets, c'est la difficulté pour l'amateur de les diagnostiquer correctement. Même les vétérinaires sont parfois flous à cet égard, et il est donc bon, lorsqu'un problème de peau refuse de céder aux remèdes simples, incapables de nuire, de consulter un homme vraiment expérimenté en matière de jouets, et non un homme indifférent, et même un peu méprisant, praticien, qui peut même commettre une barbarie aussi cruelle que celle dont j'ai entendu parler, en conseillant une *trempette aux moutons* !

La forme la plus courante de maladie cutanée chez les chiens adultes est l'eczéma, qui, à des fins de classification grossière ou populaire, peut être divisé en deux formes, humide et sèche. L'eczéma suintant est décidément rare, mais c'est la seule forme de maladie cutanée présentant des plaies ouvertes et des surfaces brutes susceptibles d'affecter des chiens jouets relativement bien soignés. Dans ce cas, comme dans les formes sèches et plus sévères d'eczéma, il est inutile de tenter de guérir par de simples applications extérieures. Le mal est dans le sang, et jusqu'à ce que le sang soit réparé, les symptômes externes continueront, à moins, en effet, qu'on n'utilise une lotion ou une pommade mercurielle forte, qui peut fatalement faire entrer la maladie, et en éclaircissant la peau et en privant ainsi le sang. corps de la soupape de sécurité des lésions extérieures, finit par tuer l'animal. Des personnes sans scrupules ont parfois recours à ce procédé, dont le seul désir est de vendre leurs chiens galeux ou eczémateux, car l'effet immédiat d'un pansement avec une pommade mercurielle est souvent presque miraculeusement bon pour les yeux. Par conséquent, mon conseil à l'amateur est de ne jamais acheter un chien dont on sait qu'il a souffert d'une forme grave de maladie cutanée. Même si le mal n'a pas été soigné de la manière décrite et a été guéri par des méthodes honnêtes, il peut toujours éclater à nouveau, car c'est dans la Constitution. Je dois bien sûr, sauf dans les cas où un eczéma contagieux a été transmis à la victime par un autre chien, mais lorsqu'il s'agit d'étrangers, de magasins ou de revendeurs professionnels, il est plus sage d'éviter un achat là où une maladie de peau a existé.

Certaines races sont beaucoup plus sujettes aux problèmes de peau que d'autres, et tous les chiens à poil long sont susceptibles de souffrir d'eczéma et d'érythème simples, ce dernier surtout lorsqu'ils sont jeunes ; tandis qu'une maladie de Carré grave est souvent suivie d'une maladie de la peau, ressemblant beaucoup à la gale, avec laquelle elle est malheureusement souvent confondue. Elle doit être simplement traitée avec une pommade antiseptique douce, tandis que la faiblesse constitutionnelle est au centre de l'attention.

Les chiots présentent souvent des dents présentant une éruption cutanée, appelée variole du chiot , qui se manifeste par une rougeur générale de la peau, généralement sur les parties nues du corps, sous les pattes antérieures, etc., et çà et là des groupes de pustules dont chacune contient un goutte de pus fin. Il s'agit là d'une affection apparentée à la varicelle chez les enfants, et qui n'est nullement dangereuse ; en effet, un chiot qui fait ses dents avec une telle éruption cutanée a généralement l'allure d'un chien fort et sain. En même temps, chaque fois que ce problème, ou des plaques nues autour des pattes et du visage, sont observés chez les chiots, il faut examiner les dents, car il est probable qu'elles irritent d'une manière ou d'une autre le système.

L'existence d'un trop grand nombre de vers chez les chiots accompagne généralement des problèmes de peau sous forme de plaques dénudées, qui peuvent être bien frottées quotidiennement avec une éponge trempée dans une lotion extrêmement simple, sûre et utile, que je peux recommander d'essayer dans elle ne peut en aucun cas nuire à toutes les formes de maladies de la peau, tandis que dans de nombreux cas, elle guérira dans la mesure où toute application extérieure est capable de le faire. On la connaît sous le nom de lotion Kanofelin , une préparation de phényle, qui n'est ni irritante, ni en aucune manière toxique ou désagréable pour le nez, mais qui a un goût qui empêche les chiens de la lécher ; s'ils le font, cela ne leur nuira pas. La lotion, après avoir été appliquée et bien frottée avec l'éponge sur les endroits lisses et nus, où la peau n'est pas cassée, doit être essuyée avec une serviette ou un mouchoir, car il n'est pas sage de laisser le chien mouillé. Il doit être utilisé deux fois par jour, et là où la peau est irritée, très doucement avec une éponge douce et, bien sûr, sans frotter.

Certaines éruptions cutanées sèches et squameuses, parmi lesquelles le pityriasis est la plus fréquente, nécessitent un traitement différent. Partout où les endroits dénudés apparaissant sur le chien jouet semblent éraflés et que les écailles tombent, n'utilisez pas de lotion, ni ne frottez, mais tamponnez légèrement avec un peu de pommade au zinc si le chien n'a pas l'habitude de lécher les parties ; s'il l'est, utilisez une pommade au soufre ordinaire, plutôt fine : Soufre sublimé , 1 once ; vaseline , 4 onces . Cette dernière peut également être utilisée dans les cas où la lotion Kanofelin est utile, puis être bien frottée ; mais la règle est de ne pas frotter en présence d'écailles ou de pellicules. La pommade Kanofelin est inoffensive et utile dans tous les cas. Les applications peuvent être très variées selon les cas, et en cas d'irritation violente , il est parfois nécessaire d'utiliser une préparation plus complexe que celles mentionnées. La nature toxique de certains des ingrédients, inclus dans les plus efficaces d'entre eux, rend cependant très peu souhaitable de les utiliser autrement que sous l'avis d'un chirurgien qualifié. La crème suivante est une application très utile dans les cas où la peau n'est pas endommagée, où de grandes irritations et rougeurs de la peau sont présentes et où les parties affectées soit ne peuvent pas être atteintes par le patient, soit celui-ci peut être muselé pendant traitement. Il est cependant toxique, à cause de l'acide phénique et du plomb qu'il contient : Liqueur plombi diacet ., 4 drs. ; liqueur carbonisée détergents , 40 mns .; poudre d'acide boracique, 1 oz; lait nouveau, à 4 oz . Bien agiter avant utilisation et appliquer fréquemment avec un peu d'éponge. Étiquette : *Poison* .

Dans le traitement des bains médicamenteux, généralement composés du composé de soufre et d'eau le plus nauséabond du foie — en langage professionnel, « une solution de potasse sulfurée » — j'avoue que j'ai peu ou pas de confiance. Une pommade au soufre ordinaire est deux fois plus efficace, beaucoup plus facile à appliquer et n'a pas d'odeur désagréable ; tandis que, s'il est bien frotté sur la peau, comme cela devrait être le cas avec d'autres onguents cutanés, et qu'il n'est pas laissé dans les cheveux, il n'est en aucun cas désagréable.

Dans tous les cas où les troubles cutanés s'accompagnent d'une odeur forte et des plus désagréables, une gale (soit folliculaire, soit, plus communément, sarcoptique) peut être suspectée. Ce dernier est plus facile à guérir que beaucoup d'eczémas, mais il est absolument nécessaire de maintenir le malade étouffé dans un pansement d'huile douce et de soufre , auquel il n'y a rien de mieux, pendant plusieurs jours, puis de se laver et de se rhabiller ; et de tels cas ne conviennent pas au traitement à domicile, bien qu'aucun vétérinaire ne devrait être autorisé à appliquer des pansements puissants comme de la paraffine , de la pommade mercurielle ou du goudron (sinon de la créosote) sur des jouets délicats. Les pansements mercuriels, dans tous les cas, sont un véritable poison, l'absorption du médicament dans l'organisme ayant des effets mortels pour l'avenir.

folliculaire , dans laquelle l'insecte à l'origine du problème s'enfouit profondément, est une maladie horrible, la pire qu'un chien puisse souffrir, et dans ce cas, l'assistance d'un vétérinaire qualifié ne peut être dispensée. Mais il est sécuritaire pour l'amateur, dans tous les cas de troubles cutanés naissants, où il n'y a pas d'odeur et où les plaques nues ne s'étendent pas rapidement, d'utiliser la lotion au phényle ou la pommade au soufre ou au Kanofelin , selon l'état de la peau, et commencer le traitement interne le plus important par un changement complet de régime.

Une alimentation très sèche ou confinée, certains repas, comme les flocons d'avoine ou les farines de maïs indien, soit en biscuits, soit autrement ; trop peu de nourriture ; plus rarement trop ; absence de viande dans l'alimentation, ou trop peu de viande ; comme avant, mais très rarement trop, ce sont là autant d'incitations aux problèmes de peau, alors que l'hérédité a beaucoup à dire sur cette tendance.

Un chien qui n'a pas mangé beaucoup de viande, mais qui a été principalement nourri avec des biscuits pour chiens, peut, dès l'apparition d'une irritation cutanée, recevoir beaucoup de viande bonne et pas assez cuite : mouton rôti, tête de mouton et cœur de bœuf, tous étant très bons. approprié. En aucun cas de maladie de peau, il ne faut donner ni de la farine d'avoine ni du maïs indien ; et l'air marin doit être évité, car il aggrave toujours les problèmes de peau. Les tripes sont nourrissantes et très digestes, et le poisson frais convient très bien à la plupart des invalides. Parallèlement au changement complet de régime alimentaire (les horaires des repas ne doivent bien sûr pas être modifiés), une cure de fer et d'huile de foie de morue vaut toujours la peine d'être essayée. Personnellement, je m'appuie sur la méthode suivante, que j'ai connue avec le plus de succès dans les cas difficiles, et qui, comme je peux le dire des autres remèdes conseillés dans ce petit livre, ne peut faire de mal. Les médicaments puissants sont souvent une source de danger entre des mains inexpérimentées, et bon nombre des médicaments conseillés sont, pour ainsi dire, extrêmement spéculatifs.

Procurez-vous donc une bouteille d'huile de foie de morue et de malt, et 1 once - ou plus, s'il vous plaît - de carbonate de fer saccharé . Dans le mélange pour le dîner de votre animal, d'abord, bien recouvert de viande découpée très délicate, une petite demi-cuillère à café de la solution avec une poussière de fer, qui est une poudre sucrée. Presque tous les chiens l'accepteront sans problème et deviendront bientôt très friands de l'huile, même s'ils s'y opposent au début ; mais il ne faut pas qu'ils voient la dose introduite dans le repas. Laissez-les penser qu'il s'agit d'un accident, ou en tout cas, d'un phénomène naturel, et ils seront beaucoup moins susceptibles de s'y opposer que s'ils vous voyaient faire un défilé de mélanges et de couvertures. La dose, administrée deux fois par jour, au dîner et au souper de viande, doit être augmentée progressivement, jusqu'à ce qu'un chien de 6 livres. prend une cuillère à café pleine de la solution deux fois par jour, avec 3 grs. de fer à chaque dose ; et il faudra de la patience, car, pour faire du bien, il faut que ce dosage dure au moins un mois. Elle peut ensuite être interrompue progressivement et reprise si nécessaire. Dans les cas persistants de maladies cutanées, l'arsenic est un remède des plus précieux, et peut être combiné avec le plus d'effet avec le système d'huile de foie de morue, d'extrait de malt et de carbonate de fer saccharé que nous venons de décrire. La solution de Fowler, généralement recommandée, ne doit pas être utilisée, car elle contient de l'huile de lavande, qui est très offensante pour les chiens et les rend malades ; la solution de la British Pharmacopoeia doit être celle utilisée. La dose varie d'une goutte deux fois par jour, à augmenter progressivement jusqu'à quatre gouttes deux fois par jour pour les jouets ; le meilleur moyen est d'obtenir la solution BP auprès de votre pharmacie, mélangée avec une quantité d'eau distillée telle qu'il y ait quatre gouttes dans chaque cuillère à café. Cela peut être administré avec du fer et sans l'huile de foie de morue, ou avec de l'huile de foie de morue sans fer, ou seul, dans la nourriture (il n'a pas de goût), mais il est de loin préférable de l'administrer en combinaison avec les deux. M. Appleby, Argyle Street, Bath, associe le fer et l'arsenic sous une forme très facile à utiliser, connue sous le nom de « mélange sanguin Kanofelin ». C'est ma propre formule que je conseille généralement à mes lecteurs dont les chiens ne le font pas ou ne peuvent pas le faire. prenez de l'huile de foie de morue; il met également, *entre autres choses , les capsules de vers selon ma prescription, comme mentionné, à l'usage* des propriétaires de chiens jouets ; et c'est parfois un avantage de préparer ses médicaments .

L'arsenic est ce qu'on appelle une drogue cumulative ; cela ne produit aucun effet spécial jusqu'à ce qu'une grande quantité soit emmagasinée dans le système. Quand on en a donné assez, ledit système se révolte, et maintenant, quand les yeux du chien commencent à être larmoyants et que la membrane muqueuse qui tapisse la bouche peut être un peu rouge, vous en avez assez donné et devez cesser ; pour un temps seulement si la maladie n'est pas maîtrisée – en permanence si elle l'est. Un dernier mot : l'arsenic est le *dernier ressort* et ne doit être utilisé que lorsque les autres moyens ont échoué, alors que certains s'y précipitent alors qu'un traitement beaucoup plus simple aurait suffi.

Une autre affection cutanée beaucoup plus fréquente qu'on ne le pense généralement est la teigne. J'ai souvent vu cela diagnostiqué comme de l'eczéma, alors qu'il est en réalité très facile de connaître sa véritable nature, car il présente des caractéristiques très marquées.

Cela commence par de minuscules taches rondes et nues, à peu près aussi grandes qu'une tête d'épingle, qui échappent généralement à l'attention au début, mais s'étendent progressivement sur les bords, pas toujours sous forme circulaire, mais parfois sous forme de taches irrégulières, la peau apparaissant grisâtre, mais pas malsain. En regardant de près , on voit que les poils ont été coupés courts, près de la peau, mais sont bien visibles, ce qui est le caractère principal de la maladie et le signe infaillible. La teigne peut être attrapée à tout moment, le plus souvent lors d'une visite dans une étable infestée, mais parfois par contagion fortuite dans les rues. Les chevaux sont sujets à la même forme de maladie, et les chiens l'attrapent généralement chez eux ; c'est sporadique et les spores peuvent, bien sûr, tomber n'importe où d'un cheval ou d'un autre chien infecté. Il est extrêmement capricieux dans sa création ; les chiens d'une même maison peuvent ou non l'attraper les uns des autres, et parfois un chenil entier sera infecté, à l' exception d' un ou deux chiens apparemment immunisés. Il n'y a cependant aucune excuse pour la laisser se propager, car elle est facile à guérir. Une partie de la teinture d'iode la plus forte disponible doit être bien imbibée dans la tache et sur ses bords, en utilisant une petite boule de coton attachée au bout d'un petit bâton, ou d'une éponge auditive, et en frottant légèrement l'iode. avec ça. Deux applications tuent généralement les spores (la maladie est un champignon parasite) et doivent être effectuées à quelques jours d'intervalle. Pendant un certain temps, de nouvelles taches sont susceptibles d'apparaître et doivent être retouchées immédiatement. Le museau, les pattes et la poitrine sont généralement les plus touchés. Si on le laissait tout seul, la maladie défigurerait terriblement le chien, mais après un certain temps, il mourrait de lui-même. Je n'ai pas constaté que des sujets humains aient été infectés par cette maladie à partir du chien. On peut mettre un peu de pommade à l'iodure de potassium sur les plaques une ou deux fois, pour hâter la guérison complète, ou bien on peut les laver avec la lotion au phényle, dans laquelle la proportion est de 1 pour 40. Les cheveux sont affaiblis et prennent un peu de pommade. Il est temps de se développer à nouveau correctement, mais la maladie n'est en aucun cas grave et il n'est pas nécessaire d'utiliser des remèdes aussi puissants et dangereux que l'acide phénique, comme on le suggère parfois.

L'érythème, une rougeur et une éruption cutanée générales, visibles le plus souvent à l'intérieur des cuisses, et parfois sur les parties les moins poilues d'un chien, est à peu près la seule maladie de la peau - si l'on excepte la maladie curieuse et rare, "liée à la peau" - dont souffrent les chiens très occasionnellement et qui, de manière courante, résulte d'une suralimentation. Il est préférable de le traiter en changeant de régime alimentaire, en prenant *de petits* repas de viande nourrissants et en évitant tout chauffage, substances farineuses, lait ou aliments gras de toute sorte. Une petite dose de sulfate de magnésie deux fois par semaine dans la nourriture – autant que peut en contenir, sans encombrer, six pence pour un 6 livres. chien - est souvent tout le médicament nécessaire. Le manque d'exercice est un facteur fréquent de maladie de peau. Les chiens peu exercés, ou très enfermés dans des chambres chaudes, ont le foie inactif, d'où toutes sortes de maux.

Je n'ai jamais vu qu'un seul cas de "liaison à la peau" chez un chien de maison, et cela pas chez un jouet. La peau était épaisse et dure. Bien que la maladie soit intéressante par sa rareté, cette même qualité heureuse me rend inutile d'entrer dans la question : un vétérinaire doit s'occuper d'un tel cas.

**Les oreilles.** — Les oreilles des chiens de jouet sont souvent le siège d'une légère congestion qui n'a pas de cause particulière, mais qui est plus commune chez certains individus que chez d'autres, et qui se produit généralement à intervalles réguliers chez les sujets qui en ont eu une fois. Si on le prend tôt, le remède à une attaque est très simple ; mais s'il est négligé, l'état de congestion peut s'aggraver et aboutir à une inflammation de l'oreille moyenne, une otite et le « chancre » épouvantail dont on entend tant parler et qui est en réalité extrêmement rare. Le trouble comporte de nombreuses étapes, depuis l'oreille externe légèrement chaude et rouge, qui amène le chien à mettre deux griffes dans le passage et à essayer de le gratter, et réussit parfois à créer ainsi un point sensible, en passant par les phases de frottement de l'oreille externe. côté de la tête sur le tapis ou sur le sol, gémissant et secouant violemment la tête, et autres manifestations de douleur, pouvant aller jusqu'à l'existence d'un véritable chancre, lorsqu'il y a beaucoup de douleur et de rougeur à l'extérieur, avec gonflement du méat, ou passage, un écoulement abondant et brun très foncé, et odeur très désagréable .

Il y a toujours une légère odeur caractéristique d'une «mauvaise oreille», que toute personne expérimentée peut reconnaître en un instant, souvent avant qu'aucun autre signe de problème ne soit perçu. Certains chiens, la plupart en fait, ont besoin d'être surveillés à cet égard. Dès que le jouet apparaît un peu unilatéral quant à la tête, ou montre une disposition à se gratter l'oreille, un petit morceau de pommade borique doit être mis dans le méat, enfoncé avec le petit doigt et travaillé jusqu'à ce que il se fond dans le passage et les circonvolutions. Le lendemain, l'oreille peut être nettoyée avec le bout du petit doigt recouvert d'un mouchoir très doux et la pommade utilisée à nouveau, ce qui, dans les cas légers , effectuera une guérison. N'essayez jamais de mettre un instrument dur, ou même un instrument quelconque, autre que la douce souplesse d'un doigt sensible, dans l'oreille d'un chien.

Si le trouble dure depuis longtemps et qu'il y a beaucoup de pertes brunes, il sera nécessaire d'utiliser une lotion. Utilisez d'abord la pommade comme décrit, et éliminez autant que possible l'écoulement ramolli par ce moyen, en étant, bien sûr, extrêmement doux dans votre manipulation, car ce sont, au mieux, des parties très sensibles. Prenez ensuite la lotion suivante : Eau tiède, ½ pt. ; extrait de plomb de Goulard , 1 cuillère à soupe ; acide boracique en poudre, ½ dr. La poudre de boracique doit être ajoutée d'abord à l'eau, et le Goulard ensuite, et le tout ne doit en aucun cas être utilisé autrement que bien tiède, sinon cela causerait des douleurs. La bouteille peut bien entendu être remplie immédiatement et un peu de son contenu réchauffé pour être utilisé selon les besoins. Allongez le patient du côté sain, l'oreille malade vers le haut, et demandez à quelqu'un de le tenir fermement. Versez ensuite doucement environ une demi-cuillère à café de lotion chaude dans l'oreille et travaillez-la de l'extérieur. Laissez-le immobile pendant trois ou cinq minutes, puis laissez-le partir et envolez-vous ! Car il répandra la lotion superflue sur vous si vous ne faites pas attention. Il s'ensuit généralement de nombreux labourages remontrants, mais l'application ne provoque pas vraiment de douleur et guérira bientôt si on persévère - deux fois par jour pendant une semaine environ. Des cas aussi effrayants et presque, sinon tout à fait incurables, que l'on rencontre parfois chez les chiens de sport, où les oreilles sont devenues complètement malades, d'abord parce qu'elles ont été mouillées et sales, puis négligées, sont, je me réjouis de le dire. , inconnu parmi les jouets bien entretenus.

Les gens sont parfois alarmés parce que les oreilles de leurs chiots ne sont pas droites quand ils le devraient, ou pointent dans toutes les directions mais vers la droite quand ils devraient tomber. C'est une chose assez courante lors de la poussée dentaire, et cela surviendra généralement plus tard. Si ce n'est pas le cas, aucun remède actif - par opération - n'est autorisé si le chien doit être montré, mais on peut faire beaucoup en huileant les oreilles et en les manipulant constamment dans la direction souhaitée par massage, tandis que, dans le cas de chez les jeunes chiots, deux ou trois épaisseurs de pansement pour pattes de cheval, coupées pour s'adapter à l'intérieur et à la pointe de l'oreille, aideront, si elles sont collées dedans en la réchauffant, l'oreille à tomber ou à se relever, comme on le souhaite. Il s'agit d'un « faux » légitime, puis-je le remarquer. Mais, bien entendu, le procédé ne doit pas être utilisé dans une quelconque idée de tromperie, bien qu'il soit permis d'aider la nature dans la voie qu'elle doit suivre.

**Les yeux.** — L'œil du chien est une structure encore plus délicate que l'oreille, et seule une aide chirurgicale qualifiée devrait l'aborder, sauf pour les affections les plus simples. Parmi elles, l'ophtalmie catarrhale simple, dont les symptômes sont une rougeur de la membrane qui tapisse les paupières, et un écoulement verdâtre, devenant brun et sec plus tard, qui vient du froid et d'une faiblesse de constitution. La victime doit être maintenue à une température uniforme, ne pas être autorisée à s'allonger près du feu, à regarder à l'intérieur, ou à sortir par temps de vent, de soleil brûlant ou de froid, et être bien nourrie avec de la viande et des aliments de bonne qualité. nourriture légère et digeste. L'écoulement doit être essuyé matin et soir avec un peu d'éponge trempée dans une lotion boracique chaude que n'importe quel pharmacien fournira de la force appropriée ; et immédiatement après, un peu de pommade jaune à l'oxyde de mercure, à peu près aussi grosse qu'un petit pois cassé, doit être doucement introduite sous la paupière de l'œil atteint avec une brosse en poil de chameau. N'acceptez sous aucun prétexte la « pommade d'or », si le pharmacien vous propose ce remède démodé (je crois) contre les orgelets ! Il est fait d' oxyde de mercure *rouge* et est beaucoup plus fort que l'onguent d'oxyde de mercure jaune, qui, soit dit en passant, devrait être fabriqué à raison de 2 grammes. à l'once. Cette dernière pommade peut également être utilisée lorsque, après une maladie de Carré, une pellicule bleuâtre persiste dans l'œil. L'amaurose n'est pas rare chez le chien. Les yeux semblent parfaitement droits, mais le chien est aveugle. Il s'agit peut-être d'une maladie héréditaire, mais elle résulte parfois d'une faiblesse pure et simple. Des toniques à base de fer, de l'huile de foie de morue, de la nux vomica, etc., peuvent être administrés et s'avèrent parfois efficaces. Bien vivre est essentiel. Ces cas sont parfois guéris assez soudainement, mais sont en général incurables.

Un simple rhume dans les yeux – ou plus souvent, dans un seul – est une maladie très courante, mais pénible à la fois pour la personne qui en souffre et pour son propriétaire. L'œil atteint larmoie plus ou moins abondamment et reste partiellement fermé. À l'intérieur, on retrouve la même apparence que dans l'ophtalmie catarrhale, mais à un degré moindre, et il peut y avoir de la fièvre et des troubles constitutionnels, auquel cas le patient doit être traité pour un coryza, ou « rhume ». Une lotion boracique et coquelicot est le remède le plus rapide contre le rhume des yeux et est également utile dans les affections ophtalmiques. Il apaise grandement la douleur et est mieux appliqué au moyen d'une petite seringue à bille en caoutchouc entièrement indienne . Il ne faut en aucun cas utiliser une seringue à pointe en os, en verre ou en vulcanite : l' embout en caoutchouc indien est mou, et on peut facilement en insérer une ou deux gouttes entre les paupières. La résistance du patient sera proportionnelle à la gravité de l'inflammation et, à mesure que celle-ci s'atténuera , il supportera l'opération avec sérénité. Pour préparer la lotion à la maison, achetez une tête de pavot, au prix d'environ un demi-penny, dans n'importe quelle pharmacie, et faites-la bouillir pendant une heure ou plus dans une demi-pinte d'eau, en l'ajoutant à mesure qu'elle s'évapore. Lorsque l'eau est couleur sherry , dissolvez 10 gr. de poudre d'acide boracique dans chaque once liquide, laisser refroidir et utiliser aussi souvent que possible - une fois par heure, pendant que la congestion de la membrane muqueuse des paupières est active.

**Pieds endoloris.** — L'eczéma, ou petits furoncles entre les orteils et autour des ergots des pattes antérieures, est un trouble qui afflige certains chiens. Un traitement constitutionnel , comme celui prescrit pour l'eczéma, est nécessaire, et comme le chien inquiétera invariablement les plaies en les léchant, elles doivent être saupoudrées de zinc ou de poudre d'ichtyol, puis bandées ou mises en chaussettes. Si un chien lèche constamment son ergot, examinez-le pour vous assurer qu'il ne s'y développe pas. Dans ce cas, il doit être coupé assez court, de préférence par un vétérinaire, et la plaie pansée. Les griffes de rosée sur les pattes postérieures doivent toujours être retirées par un vétérinaire chez le chiot.

**Rhumes et toux.** — Le rhume, ou coryza, frappe les chiens comme les humains, mais à un degré moindre. Un rhume de poitrine nécessite un croisement de flanelle, parfois un cataplasme chaud aux graines de lin (pour traiter les chiens, il est préférable d'utiliser, si possible, un cataplasme sec qui ne laissera pas le chien détrempé une fois retiré), ou une feuille de moutarde. . Frotter avec de l'huile de vaseline blanche et dix gouttes de térébenthine par once, si cela est fait vigoureusement, est aussi bon pour les rhumes que pour les rhumatismes. Tout le monde sait ce qu'est un rhume, et le rhume du chien jouet doit être traité comme le sien. Il faut utiliser le thermomètre clinique, et si la température dépasse 100°, une pilule de 5 grs. de nitrate de potasse doit être administré toutes les quatre heures jusqu'à ce qu'il redevienne normal, ou, s'il ne peut pas être descendu ainsi, donner ½ gr. de sulfate de quinine et 1 gr. de phénacétine, en utilisant les tabloïds et en les divisant comme vous le souhaitez. La force doit être bien entretenue. *La toux* – la marque creuse et profondément dessinée du chien – est une épreuve douloureuse pour celui qui l'écoute. Ils semblent terribles, mais sont rarement importants. En cas de rhume, mettez un peu de vaseline ou de glycérine sur le nez trois ou quatre fois par jour. Il sera léché et soulagera, tandis que certains chiens mangeront des pastilles de glycérine si elles ne sont pas aromatisées au citron. La vaseline, encore une fois, est une excellente chose contre la respiration sifflante bronchique, à laquelle les carlins sont particulièrement sujets, et elle sera toujours prise si elle est appliquée au nez. La crème est également apaisante, et où est le chien qui ne l'aime pas ?

**thoraciques .** — Les toux les plus graves sont souvent les moins importantes et peuvent disparaître en quelques jours sans traitement, mais un râle bronchique dans la gorge appelle des soins. La bronchite chez les chiens jouets doit être traitée exactement comme chez les enfants et, bien entendu, le chien ne doit pas sortir tant que le stade aigu n'est pas passé. La plupart des chiens propres iront dans une caisse de terre dans une cave. Une bouilloire pour bronchite doit rester allumée dans la chambre, et le patient aura besoin d'un régime alimentaire invalide et de beaucoup de caresses et d'amusements pour le soutenir pendant les heures ennuyeuses d'inconfort. Les chiens souffrent de congestion pulmonaire, de pleurésie, de pneumonie, tout comme les humains, et ont besoin des mêmes soins attentifs. Dans de tels cas, les médicaments sont généralement inutiles, car ils inquiètent le patient et ne peuvent apporter que peu de bien. Un léger mélange contre la fièvre peut être prescrit par le vétérinaire, qui doit toujours être appelé dès que la respiration se détériore. L'ennui , la lassitude, les frissons et une température élevée (le thermomètre clinique est ici indispensable) accompagnés de difficultés respiratoires sont des symptômes de la plus haute importance et il faut immédiatement faire appel à une aide spécialisée. L'amateur ne peut pas diagnostiquer ces troubles pulmonaires et thoraciques.

**d'estomac .** — On entend quelquefois des toux très-affreuses provenant entièrement de l'estomac. Pour ceux-ci, un petit traitement contre l'indigestion fait souvent des merveilles. Ou encore, la toux *peut* être causée par une arête de poisson ou quelque chose de similaire dans la gorge, bien que ce soit la cause la plus rare de toutes chez le chien, en raison de son œsophage très énorme, tout à fait disproportionné à sa taille.

**Frissons.** — Le frisson est un mauvais tour que certains chiens acquièrent, et d'autres l'ont par nature. En général, si elle n'est pas accompagnée d'une température élevée, cela ne signifie rien du tout, à moins qu'il ne s'agisse de nerfs. Mais, à part le traitement de Weir Mitchell, j'imagine que rien ne profite plus à ces derniers qu'une légère réprimande, avec des remontrances de « ne pas être si stupide ».

**Hystérie.** — Il existe certainement des chiens hystériques, et leur tempérament est celui du frisson habituel, bien que les jouets à peau très fine frissonnent parfois vraiment de froid. Un chien hystérique aboie à bout de souffle à la moindre perturbation et hurle exactement comme son prototype humain. La nature ne peut pas être changée, mais un tonique fait parfois du bien. L'excitabilité et la nervosité sont caractéristiques de certaines races. Les Poms sont peut-être les petits chiens les plus excitables, et les carlins certainement les moins.

**Obésité.** — L'excès d'embonpoint peut être une maladie chez le chien comme chez l'être humain, et dans ce cas il est cruel d'accuser la pauvre créature de trop manger systématiquement, comme c'est l'impulsion de chacun. Les bromures et les iodures sont utiles, mais ne peuvent être prescrits au hasard. Les tabloïds de la glande thyroïde peuvent également être essayés, en commençant par un une fois par jour et en progressant progressivement jusqu'à trois par jour, en fonction de la taille du chien. Leur effet sur la digestion n'est pas toujours heureux, de sorte qu'il faut surveiller le chien pour assurer son propriétaire de sa tolérance.

**Poison.** — Ce n'est pas une maladie, mais un sujet qui nécessite quelques mots, c'est la prise de poison par les chiens jouets. Malheureusement, il y a toujours un risque dans une ville, non seulement celui de l' empoisonneur volontaire , qui semble exister, mais celui de l'ingestion de viande empoisonnée ou de pain et de beurre destinés aux rats ou aux scarabées, et ensuite jetés. Dans quatre-vingt-dix-neuf cas sur cent, un chien empoisonné a reçu de la strychnine, la drogue préférée de tous ceux qui emploient du poison. L'arsenic est trop lent, et parmi les autres poisons, merci à la Providence ! le vulgaire n'a pour la plupart aucune connaissance. Les symptômes de l'empoisonnement à la strychnine sont, en premier lieu, l'excitation : le patient court partout et aboie avec un cri strident particulier. Selon la quantité de poison ingérée et la quantité de nourriture présente dans l'estomac à ce moment-là, cette étape dure plus ou moins longtemps. Pris peu de temps après un bon repas, le poison semble agir moins rapidement que lorsque l'estomac est vide. Bientôt viennent des convulsions et des cris constants ; alors les membres dépassent et sont parfaitement raides et rigides. Même à ce stade, le chien peut souvent être sauvé si les moyens sont disponibles. Ne soyez jamais sans une bouteille de sirop de chloral dans la maison ; il se conservera indéfiniment. Rendez d'abord le chien malade. Utilisez du sulfate de zinc dans l'eau, ou de la moutarde faible et de l'eau tiède, et donnez-en beaucoup. Le meilleur moyen est de le mettre dans une fiole et de le faire couler dans la gorge au moyen d'une poche de la lèvre inférieure tirée des dents à l'angle de la bouche. Dès que le malade est malade, donnez-lui une cuillerée à café de sirop de chloral dans l'eau. C'est l'antidote à la strychnine. Si vous ne pouvez pas attendre pour rendre le patient malade, donnez le chloral immédiatement, mais donnez-le : et la dose peut être répétée toutes les deux heures jusqu'à ce que les convulsions cessent. Pour un petit chiot ou un chien de moins de 5 livres. la dose peut être réduite de moitié. La guérison grâce à la strychnine est très rapide et elle ne laisse généralement aucun effet néfaste, bien qu'il existe une croyance largement répandue, et erronée, selon laquelle elle affecte ensuite les reins.

Tous les autres types de chiens venimeux sont susceptibles de devenir ou de se voir confier un travail d'irritant, et ceux-ci nécessitent un diagnostic vétérinaire. Le sel, je puis le remarquer ici, est un purgatif si violent et si irritant pour le chien qu'il est à côté d'un poison, et les effets de l'huile de ricin sur son intestin ne sont pas si loin derrière. La drogue constante est une chose à éviter autant chez les chiens que chez leurs propriétaires, et je ne saurais trop déprécier la pratique insensée - insensée ou pire - consistant à donner des doses d'huile de ricin après les expositions, ou à titre soi-disant prophylactique - pour prévenir les maladies. . Si un chien a été longtemps confiné lors d'une exposition et risque d'être irrégulier en conséquence, un peu d'huile d'olive pure avec son dîner (et non l'huile de noix souvent vendue par les épiciers comme huile d'olive) ne fera pas de mal, même si un dîner de de la bouillie d'avoine ou du foie de mouton bouilli seraient beaucoup plus raisonnables et agiraient mieux ; s'il semble bien et vif, laissez-le tranquille. Certaines personnes vont en fait jusqu'à doser leurs chiots avec de l'huile de ricin à intervalles réguliers, sans aucune raison que je puisse déterminer au-delà d'une vague idée que cela "efface le système". C'est le cas de la force et de la sécrétion mucoïde saine de l'intestin, sans lesquelles les fonctions naturelles ne peuvent pas être correctement exécutées. Le sirop de nerprun, ou cascara sagrada, est un autre médicament à ne jamais donner aux petits chiens : il est beaucoup trop irritant et agressif. Quand nous avons des apéritifs aussi excellents que l'huile d'olive, la magnésie et la rhubarbe parmi les drogues, et le foie de mouton bouilli parmi les viandes, nous ne voulons pas de drogues semi-toxiques irritantes et violentes comme l'huile de ricin, qui, en fin de compte, produisent l'état même dans lequel elles étaient. censé guérir, et en démantelant le système, ouvrir la porte à la maladie.

**Convient.** — Parmi celles-ci, les crises d'épilepsie sont les plus dangereuses et de loin les moins fréquentes. Un chien souffrant d'une épilepsie bien établie est pratiquement incurable, dans l'état actuel de la médecine canine. Plus tard, peut-être, les rayons de Röntgen pourront être appliqués de manière bénéfique à cette maladie chez le chien, comme chez l'homme. Dans un manuel populaire, il n'est guère nécessaire d'approfondir le sujet pour dire que l'épilepsie ne doit être soupçonnée que si les crises convulsives sont plus ou moins récurrentes et si fréquentes qu'elles épuisent l'animal. Ce n'est que lorsque nous avons essayé un traitement qu'un amateur peut donner en toute sécurité, qui est tout à fait suffisant pour guérir les crises de dentition ou de succion ordinaires dues simplement à quelque irritation réflexe affectant le cerveau, et que nous avons constaté qu'il a échoué, devons-nous craindre l'épilepsie ; et lorsque nous le craignons pour quelque raison que ce soit, des conseils et un diagnostic compétents sont absolument nécessaires, car le cas doit être surveillé et traité selon ses mérites.

Les crises de tétée sont extrêmement fréquentes chez les petites chiennes très organisées et sensibles. Ils commencent généralement vers la fin de la deuxième semaine d'allaitement des chiots et ne semblent en aucun cas être causés par un surmenage ; c'est-à-dire qu'une petite femelle qui allaite cinq chiots n'est pas plus susceptible de souffrir de ces crises qu'une autre qui élève seulement un appareil dentaire. Leur cause exacte est difficile à déterminer, car les animaux en très bonne santé et bien nourris peuvent les avoir en commun avec ceux qui sont faibles et malheureux à cause de la sous-alimentation (qui dans ce cas est synonyme de alimentation sans viande) ou du chenil. vie.

Quelle que soit la cause, les symptômes sont toujours faciles à reconnaître . La chienne se désintéresse d'abord de sa litière, même si sa production de lait est rarement, voire jamais, diminuée. Elle se contracte et ses yeux semblent ternes et vaporeux, ou vitreux et fixes. Elle erre sans cesse et halète parfois comme elle le faisait lorsqu'elle attendait son accouchement. Il est maintenant temps d'intervenir et de donner une cuillère à café de sirop de chloral avec une quantité égale d'eau. Si cela n'est pas fait, l'attaque se déroulera en titubants, en cris et en convulsions plus ou moins violentes. L'administration du chloral provoque généralement une diminution progressive des symptômes ; mais si le patient ne va pas mieux au bout de deux heures, répétez la dose, et si vous donnez du bromure de potassium en 5 grammes. des doses de deux ou trois fois par jour, immédiatement après les repas, ne lui permettent pas de tenir bon, il faut qu'elle continue à prendre le chloral.

Ni le chloral ni le bromure n'affectent le lait ; s'il en passe, la quantité est si infime qu'elle ne fait aucune différence pour les chiots. Il n'est pas du tout nécessaire de retirer la chienne de sa portée ; en fait, il vaut mieux la laisser continuer à les nourrir. Certaines voudront abandonner leurs bébés, et ceux-ci devront leur être emmenés et enfermés avec eux, quatre fois par jour et pendant la nuit. Si elle est bien nourrie, cela ne fait jamais de mal à la chienne d'élever sa famille, et il serait bien dommage que les chiots se perdent alors que ce n'est pas nécessaire. Mais il est extrêmement important qu'elle soit maintenue dans un état d'hypernutrition, c'est-à-dire qu'elle ait autant de viande bonne et pas assez cuite qu'elle peut digérer. Les bromures diminuent et, en outre, l'état des nerfs exige une alimentation la plus élevée possible. Il peut être coûteux de nourrir une chienne « en forme » avec un bon bifteck ou du mouton rôti quatre fois par jour, en lui donnant une génoise en dernier lieu et un peu de lait, ou, ce qui est bien meilleur et plus digeste, un nouveau cru. -œuf pondu ou crème fraîche crue, au petit matin ; mais c'est, dans l'ensemble, un moyen peu coûteux de sauver une portée de chiots précieux. S'il y a un grand nombre de chiots, certains peuvent être confiés à une mère nourricière ; mais en règle générale , ces produits sont difficiles à obtenir et ne sont pas souvent satisfaisants. Les bromures doivent toujours être administrés immédiatement après les repas ; en aucun cas lorsque l'estomac est vide. Le chloral peut être administré à tout moment lorsque cela s'avère nécessaire. Le 5-gr. les tabloïds au bromure que l'on peut se procurer dans n'importe quelle pharmacie sont très utiles ; il n'est pas nécessaire de les dissoudre dans l'eau pour chiens, mais, comme indiqué précédemment, ils *doivent* être administrés avec ou directement après la nourriture.

En ce qui concerne les médicaments, les crises de dentition doivent être traitées exactement comme les crises de tétée. De même qu'une chienne mal élevée, non nourrie de viande, qui, en raison de son habitude anémique , héberge des vers, est un mauvais sujet pour ces derniers problèmes, de même un chiot élevé dans des eaux laiteuses et de gros animaux mouillés l'est également. des gâchis de flocons d'avoine, de pain et de lait, et a donc une digestion affaiblie, très susceptible de souffrir gravement de crises qui, chez un jeune chien fort, se passeraient avec de petits ennuis. Il y a généralement des avertissements de poussées dentaires, comme des yeux fixes, etc. ; mais parfois, et surtout si un chiot de six à dix mois a été très excité, promené par une journée chaude, autorisé à jouer au soleil, ou traîné à contrecœur en laisse, ils apparaissent très soudainement. Sous un soleil brûlant, le chien peut soudainement pousser un cri et commencer à courir de toutes ses forces, sans prêter attention aux appels. En règle générale, il a le bon sens de rentrer chez lui en courant, à moins qu'une personne officieuse sur le chemin ne l'imagine fou et n'agisse comme le font les idiots dans de telles circonstances.

S'il est possible d'attraper le fugitif, il doit avoir la tête couverte pour garder la lumière hors de ses yeux, et être ramené chez lui aussi rapidement et silencieusement que possible pour être enfermé dans un endroit frais et parfaitement sombre jusqu'à ce que la crise se termine suffisamment. pour lui donner une dose de chloral. Ensuite, il devrait suivre un régime composé de viande hachée et pas assez cuite, suivi de bromure de potassium, pendant un jour ou deux. Un plongeon dans l'eau froide arrêtera souvent une crise comme celle-ci, mais c'est un remède trop héroïque pour être sûr à moins que les circonstances ne soient très urgentes. Une éponge froide sur la tête est une bonne chose, et le calme et l'obscurité sont essentiels. Parfois, les poussées dentaires augmentent en fréquence et en gravité jusqu'à ce qu'elles se transforment en épilepsie et que le chien soit perdu. Cela est parfois dû au fait de permettre à un chien très jeune, très nerveux et excitable d'être avec d'autres personnes du sexe opposé, alors que celles-ci devraient être isolées.

Les crises, tout comme les poussées dentaires légères, ne sont pas rares chez les chiens délabrés souffrant d' anémie et, probablement, de vers. Celles-ci sont souvent très transitoires et un traitement tonique, accompagné d'un repos de l'excitation et d'une bonne alimentation, les bannira.

# CHAPITRE IX

## NORMES DU CLUB, DESCRIPTIONS ET POINTS DE DIVERSES RACES DE JOUETS

**Poméraniens.** — Ceux-ci sont maintenant divisés en Poméraniens (plus de 7 livres) et Poméraniens miniatures, et le Comité du Kennel Club a établi la norme suivante, applicable à partir du 1er juin 1909 :

LE POMÉRANIEN. - *Apparence.* — Le Poméranien, par sa constitution et son apparence, doit être un chien compact, court et bien bâti. Sa tête et son visage doivent ressembler à ceux d'un renard , avec de petites oreilles dressées qui semblent sensibles à chaque son. Il doit faire preuve d'une grande intelligence dans son expression, d'une docilité dans son caractère, et d'une activité et d'une vivacité d'esprit dans son comportement. En termes de poids et de taille, le Poméranien varie considérablement. Il doit peser plus de 7 livres, mais de préférence il devrait peser environ 10 à 14 livres. *Tête.* — La tête doit avoir un contour quelque peu rusé ou en forme de coin, le crâne étant plat, grand proportionnellement au museau, qui doit finir plutôt fin et être exempt de lèvres. Les dents doivent être de niveau et en aucun cas dépasser. Les cheveux de la tête et du visage doivent être lisses et à poils courts.

LA MINIATURE DE POMÉRANIE — *Apparence.* — La miniature de Poméranie, par sa construction et son apparence, doit être un chien compact et court. Sa tête et sa face doivent ressembler à celles d'un renard miniature, avec de petites oreilles dressées et très mobiles, dressées et bien rapprochées, et en aucun cas tombantes. Il doit être plein de vie, intelligent dans son expression et docile dans son caractère. La miniature de Poméranie doit de préférence peser environ 3 à 5 livres, mais ne doit pas dépasser 7 livres. Chiens de plus de 7 livres. doivent être enregistrés comme Poméraniens. Chiens de moins de 7 livres. en poids doivent, à l'âge de douze mois ou après, être enregistrés ou réenregistrés comme Poméraniens miniatures, et étant ainsi enregistrés ou réenregistrés, ils ne peuvent jamais concourir dans des classes pour Poméraniens. *Tête.* — La tête doit être en forme de coin et aux contours plutôt rusés, mais le crâne peut être plus rond que celui du Poméranien.

NORME ET ÉCHELLE DE POINTS ÉTABLIES PAR LE POMERANIAN CLUB. — Secrétaire, GM Hicks, Esq., Granville House, Blackheath , Londres, SE [2] *Apparence.* — Le Poméranien, par sa constitution et son apparence, doit être un chien compact, court et bien bâti. Sa tête et son visage doivent ressembler à ceux d'un renard , avec de petites oreilles dressées, qui semblent sensibles à chaque son ; il doit faire preuve d'une grande intelligence dans son expression, d'une docilité dans son caractère, et d'une activité et d'un entrain dans ses comportements . — 15 points. *Tête.* — De contour quelque peu rusé, ou en forme de coin, le crâne étant légèrement plat (bien que dans les variétés jouets, le crâne puisse être plutôt plus rond), grand proportionnellement au museau, qui doit finir plutôt fin et être exempt de lèvres. Les dents doivent être de niveau et en aucun cas dépasser. La tête de profil peut présenter un petit « stop », qui ne doit cependant pas être trop prononcé, et les cheveux de la tête et de la face doivent être lisses ou à poils courts. — 5 points. *Yeux.* — Doit être de taille moyenne, de forme plutôt oblique, pas trop écarté, de couleur claire et foncée , démontrant une grande intelligence et une grande docilité de caractère. Chez un chien blanc, un cerclage noir autour des yeux est préférable . — 5 points. *Oreilles.* — Doit être petit et porté parfaitement droit, ou piquant comme ceux d'un renard, et, comme la tête, doit être couvert de poils doux et courts. Aucune plumaison ni taille n'est autorisée. — 5 points. *Nez.* — Chez les chiens noirs et feu ou blancs, la truffe doit être noire ; chez d'autres Poméraniens colorés , il peut plus souvent être brun ou de couleur foie ; mais dans tous les cas, le nez doit être uni, non particolore et jamais blanc. — 5 points. *Cou et épaules.* — Le cou, au contraire, doit être plutôt court, bien enfoncé et semblable à celui d'un lion, couvert d'une crinière abondante et d'une collerette de cheveux longs, droits et brillants, s'étendant sous la mâchoire et couvrant toute la partie antérieure du corps. sur les épaules et la poitrine, ainsi que sur le dessus des épaules. Les épaules doivent être assez propres et bien couchées. — 5 points. *Corps.* — Le dos doit être court, le corps compact, bien côtelé et le canon bien arrondi. La poitrine doit être assez profonde et pas trop large . — 10 points. *Jambes.* — Les pattes antérieures doivent être parfaitement droites, de longueur moyenne – non pas telles qu'on pourrait les appeler « aux longues jambes » ou « basses sur la jambe » — mais en proportion appropriée en longueur et en force pour une silhouette bien équilibrée, et les pattes antérieures et les cuisses doivent être bien emplumé, les pieds petits et de forme compacte. Aucun rognage n'est autorisé. — 5 points. *Manteau.* — A proprement parler, il doit y avoir deux poils, un sous-poil et un sur-poil, l'un un sous-poil doux et duveteux, l'autre un poil long, parfaitement droit et luisant, couvrant tout le corps, étant très abondant autour du cou. et l'avant des épaules et de la poitrine, où il doit former une collerette de cheveux longs et flottants, s'étendant sur les épaules, comme décrit précédemment. L'arrière-train, comme celui d'un colley, doit être vêtu de la même manière avec des poils longs ou des plumes depuis le haut de la croupe jusqu'aux jarrets. Les poils de la queue doivent être abondants et couler sur le dos. — 25 points. *Queue.* — La queue est une caractéristique de la race et doit être bien tordue depuis la racine, fermement sur le dos, ou posée à plat sur le dos, légèrement de chaque côté, et abondamment couverte de poils longs, s'étalant et coulant sur le dos. retour.—10 points. *Couleur* . — Les couleurs suivantes sont admissibles : Blanc, noir, bleu, brun, noir et feu, fauve, sable, rouge et particolores . Le blanc doit être totalement exempt de citron ou de toute couleur , et les noirs, bleus, bruns, noir et feu et rouges doivent être exempts de blanc. Quelques poils blancs dans l'une des couleurs du chien ne le disqualifieront pas absolument, mais devraient avoir un grand poids contre le chien. Chez les chiens multicolores , les couleurs doivent être réparties uniformément sur le corps. Les chiens de couleur entière avec un ou plusieurs pieds, pattes ou pattes blancs sont résolument répréhensibles et devraient être découragés et ne peuvent pas concourir en tant que spécimens de couleur entière . Dans les classes mixtes , *c'est-à-dire* où les Poméraniens de couleur entière et de couleur partielle rivalisent ensemble, la préférence devrait, si sur d'autres points ils sont égaux, être donnée aux individus de couleur entière. spécimens.— 10 points. Total : 100 points.




Également pris en charge par le North of England Pomeranian Club. Secrétaire, J. Tweedale , Valley House, Oversley Ford, Wilmslow ; et le Club de Poméranie des comtés de Midland. L'hon. Secrétaire, Mme E. Parker, Meadowland, Uttoxeter Road, Derby.

**Toy Spaniels** (anglais ).— Points tels que définis par le Toy Spaniel Club. L'hon. Secrétaire, Mlle M. Hall, Chalk Hill House, Norwich. *Tête.* — Doit être bien bombé, et chez les bons spécimens, absolument semi-globulaire, s'étendant même parfois au-delà du demi-cercle, et dépassant absolument les yeux, de manière à presque rencontrer le nez retroussé. *Yeux.* — Les yeux sont bien écartés, avec les paupières carrées par rapport à la ligne du visage, non obliques ou en forme de renard . Les yeux eux-mêmes sont grands, de manière à être généralement considérés comme noirs ; leurs pupilles énormes, qui sont absolument de cette couleur , augmentent la description. En raison de leur grande taille, il y a toujours une certaine quantité de pleurs dans les angles intérieurs ; cela est dû à un défaut du canal lacrymal. *Arrêt.* — Le « stop » ou creux entre les yeux, est bien marqué, comme chez le bouledogue, ou même plus ; quelques bons spécimens présentant un creux assez profond pour enterrer un petit marbre. *Nez.* — Le nez doit être court et bien relevé entre les yeux, et sans aucune indication de déplacement artificiel apporté par une déviation d'un côté ou de l'autre. La couleur de l'extrémité doit être noire, profonde et large, avec les narines ouvertes. *Mâchoire.* — La mâchoire inférieure doit être large entre ses branches, laissant suffisamment d'espace pour la langue et pour l'attache des lèvres inférieures, qui doivent dissimuler complètement les dents. Il doit également être retourné ou « terminé », de manière à permettre sa rencontre avec l'extrémité de la mâchoire supérieure, retournée de la même manière que celle décrite ci-dessus. *Oreilles.* — Les oreilles doivent être longues, de manière à se rapprocher du sol. Chez un chien de taille moyenne, ils mesurent 20 pouces.

d'une pointe à l'autre, et certains atteignent 22 pouces, voire un peu plus. Ils doivent être attachés bas sur la tête et avoir de nombreuses plumes. À cet égard, le King Charles devrait dépasser le Blenheim, et ses oreilles s'étendent parfois jusqu'à 24 pouces. *Taille.* — La taille la plus souhaitable est de 7 livres. à 10 livres. *Forme.* — En termes de compacité de forme, ces épagneuls rivalisent presque avec le carlin, mais la longueur du pelage ajoute beaucoup à la masse apparente, car le corps, lorsque le pelage est mouillé, semble petit en comparaison de celui de ce chien. Pourtant, il devrait être résolument « cobby », avec des jambes fortes et robustes, un dos large et une poitrine large. La symétrie de l'épagneul toy est importante, mais il est rare qu'il y ait un défaut à cet égard. *Manteau.* — Le pelage doit être long, soyeux, doux et ondulé, mais pas bouclé. Chez le Blenheim, il devrait y avoir une crinière abondante, s'étendant bien vers le devant de la poitrine. La plume doit être bien exposée sur les oreilles et les pieds, où elle est suffisamment longue pour donner l'impression qu'ils sont palmés. Il est également porté bien sur le dos des jambes. Chez le King Charles, la plume sur les oreilles est très longue et abondante, dépassant celle du Blenheim d'un pouce ou plus. La plume de la queue (qui est coupée à une longueur d'environ 3½ pouces à 4 pouces) doit être soyeuse et de 5 pouces. à 6 pouces. de longueur, constituant un « drapeau » marqué, de forme carrée, et non porté au-dessus du niveau du dos. *Couleur* . — La couleur varie selon la race. Le King Charles est d'un noir riche, brillant et d'un bronzage profond ; des taches de bronzage sur les yeux et sur les joues, ainsi que les marques habituelles sur les jambes sont également requises. Le Ruby Spaniel est d'un riche rouge châtain. La présence de *quelques* poils blancs *mélangés au noir* sur la poitrine d'un King Charles, ou *mélangés au rouge* sur la poitrine d'un Ruby Spaniel, aura *un très grand poids contre* un chien, mais ne sera pas en soi absolument disqualifiant ; mais une tache blanche sur la poitrine, ou blanche sur toute autre partie d'un King Charles ou d'un Ruby Spaniel, constituera une disqualification. Le Blenheim ne doit en aucun cas être de couleur entière , mais doit avoir un fond d'un blanc nacré pur, avec des marques marron ou rouge rubis brillantes et riches, uniformément réparties en grandes taches.

Les oreilles et les joues doivent être rouges, avec une touche de blanc s'étendant du nez jusqu'au front et se terminant entre les oreilles par une courbe en croissant . Au centre de cet incendie, il devrait y avoir une « tache » rouge claire de la taille d'une pièce de six pence. Le tricolore , ou Charles the First Spaniel, devrait avoir le bronzage du King Charles, avec des marques comme le Blenheim en noir au lieu de rouge sur un fond blanc nacré. Les oreilles et sous la queue doivent également être doublés de couleur beige. Le drapeau tricolore n'a pas de tache, cette beauté étant particulièrement la propriété des Blenheim.

Le seul nom sous lequel le drapeau tricolore , ou noir, blanc et feu, sera reconnu à l'avenir est « Prince Charles ».

Qu'à l'avenir, l'épagneul jouet tout rouge soit connu sous le nom de « Ruby Spaniel ». La couleur du nez doit être noire. Les pointes du « Ruby » doivent être les mêmes que celles du « King Charles », ne différant que par la couleur

.

ÉCHELLE DE POINTS.

*Le roi Charles, le prince Charles et les Ruby Spaniels.*

| | | | |
|---|---|---|---|
| Symétrie, état et taille | 20 | Yeux | dix |
| Tête | 15 | Oreilles | 15 |
| Arrêt | 5 | Manteau et plumes | 15 |
| Museau | dix | Couleur | dix |
| | | TOTAL | 100 |

*Blenheim.*

| | | | |
|---|---|---|---|
| Symétrie, état et taille | 15 | Oreilles | dix |
| Tête | 15 | Manteau et plumes | 15 |
| Arrêt | 5 | Couleur et marquages | 15 |
| Museau | dix | Place | 5 |
| Yeux | dix | | —— |
| | | TOTAL | 100 |

**L' épagneul chalutier jouet.** — Ce petit chien, ayant eu quelques cours donnés lors d'expositions, mérite d'être remarqué, et son standard et son échelle de points sont annexés, ainsi que quelques remarques faites à son sujet par une dame qui l'a présenté, et dont le chenil est de beaux épagneuls jouets. de toutes les races est bien connu. *Points.* — Tête petite et légère, avec un nez très pointu, plutôt court, fin et effilé , avec une très légère courbure vers le haut du bout du nez. Une courbe vers le bas (comme chez le Barzoï) devrait être une disqualification absolue. Le "stop" bien marqué, et le crâne plutôt relevé, mais plat sur le dessus, non en forme de dôme. Le museau vient juste de se terminer, pas dépassé. De longues oreilles, attachées haut et portées dressées vers l'avant, encadrent le visage. Grands yeux sombres, bien écartés et montrant le blanc lorsqu'on les tourne. Ils doivent être parfaitement droits et non obliques au niveau de la tête. Quelle que soit la couleur du chien, le nez et les lèvres doivent être noirs. Cou cambré. Dos large et court. Queue placée au niveau du dos et portée gaiement, mais pas droite dans les airs, ni enroulée sur le dos comme un Poméranien. Il doit être amarré à environ 4 ou 5 pouces et bien doté de longues plumes. Transport général très chic et gai. Pattes raisonnablement courtes et parfaitement droites, avec des os légers mais solides. Construisez de manière carrée, robuste et compacte, mais jamais lourde. L'action doit être élégante et caracolante, le pelage est très bouclé, mais pas laineux. Il doit être de texture plutôt soyeuse et très brillant. Plumes, gilet et culotte libéraux. La forme est très importante ; colorer une matière secondaire. La meilleure couleur est un noir brillant, avec un gilet blanc. Ensuite, rouge avec gilet blanc, noir et blanc et rouge et blanc. Meilleure taille de 11 à 13 pouces à l'épaule. Toute tendance à devenir une mauvaise herbe doit être soigneusement évitée, et la hauteur au niveau des épaules doit être à peu près égale à la longueur du haut des épaules à la racine de la queue. La taille ne doit pas être jugée en fonction du poids, mais en fonction de la taille, car ils doivent peser lourdement pour leur taille. Un chien d'environ 13 pouces de haut devrait peser environ 15 livres. Les très petits spécimens , *c'est-* à-dire mesurant moins de 9 pouces de haut, ne sont souhaitables que si le type, la solidité, la compacité et la robustesse ne sont pas altérés. Pieds proches, fermes et durs. Eux et la partie inférieure des pattes ne doivent pas être trop garnis de plumes. L'expression du visage doit être très alerte et très douce. Les chiens doivent être très audacieux et courageux. La timidité est un grand défaut et devrait jouer contre eux sur le ring. Ce sont d'excellents ratiers et lapins . En ce qui concerne la proportion de la tête, si la longueur totale de la tête est d'environ 6 pouces, les oreilles doivent être espacées d'environ 4 pouces. La tête entière, vue à vol d'oiseau, doit être triangulaire, avec le bout du nez comme sommet. L'apparence générale doit être celle d'un petit chien de sport d'une beauté exquise, très fort, extrêmement intelligent et compact.

Il ne faut *pas les* confondre avec les Cockers, qui sont d'un type totalement différent.

| | | | |
|---|---|---|---|
| Apparence générale, y compris l'état et l'élégance | 12 | Couleur | 5 |
| Manteau | dix | Action et solidité du membre | dix |
| Tête et expression | 15 | Taille | 5 |
| Yeux | 6 | Compacité, planéité du dos et jeu de queue | dix |
| Courbe et proportion du museau | 6 | Audace et vigilance | 8 |
| Attaché aux oreilles | 5 | La santé des dents | 3 |
| Jambes et pieds | 5 | | — |
| | | | — |
| | | TOTAL | 100 |

## POINTS QUI DEVRAIENT ÊTRE DISQUALIFIÉS.

| | |
|---|---|
| 1. Un nez couleur chair . | 6. Yeux clairs . |
| 2. Une courbe descendante du museau. | 7. Yeux bridés. |
| 3. Pas de « stop ». | 8. Un corps très long. |
| 4. Lèvres pendantes. | 9. Mauvaise action. |
| 5. Pattes antérieures tordues. | |

## POINTS TRÈS INDÉSIRABLES.

| | |
|---|---|
| 1. Timidité. | 6. Exagération de toute sorte. |
| 2. Un manteau droit. | 7. Queue tombante. |
| 3. Oreilles implantées bas. | 8. Montrer les dents ou la langue. |

| 4. Jambes exagérément courtes ou longues. | 9. Une tête de « pomme ». |
| --- | --- |
| 5. La lenteur. | |

MESURES D'UN SPÉCIMEN PARFAIT.

| | Pouces. | | Pouces. |
| --- | --- | --- | --- |
| Largeur du crâne au niveau des yeux, de chaque coin extérieur des yeux sur la tête | 5 | Hauteur aux épaules | 13 |
| Longueur du crâne | 4 | Longueur du haut des épaules à la racine de la queue | 13 |
| Longueur du nez | 2¼ | Longueur des pattes avant jusqu'au coude | 7½ |
| Circonférence du crâne | 10½ | Largeur aux épaules | 6 |
| Circonférence du museau sous les yeux | 6¾ | Largeur aux quarts | 6 |
| Espace entre les yeux | 1⅜ | Circonférence | 19 |
| Espace entre les oreilles lorsqu'il n'est pas piqué | 4¼ | Plumes sur le drapeau de queue | 6 |
| Longueur des oreilles (cuir) | 4 | Plumage du gilet | 4 |

L'origine de la race est inconnue, mais elle est censée descendre de l'épagneul King Charles frisé d'origine (voir le "Livre du chien" de M. Watson) et de l'épagneul Sussex frisé à l'ancienne, aujourd'hui éteint. Il n'y a aucune certitude là-dessus. La race existe en Italie et aux Pays-Bas.

ont également le Northern Toy Spaniel Club. Secrétaire, Mme EA Furnival , Eastwood, Mauldeth Road, Heaton Mersey, Manchester.

**Griffons bruxellois** . — Points définis par le Club du Griffon Bruxellois .
L'hon. Secrétaire, Mlle L. Feilding, 48 ans, Grosvenor Gardens, Londres, SW
Apparence *générale* . — Un petit chien de dame, intelligent, vif, robuste,
d'apparence compacte, rappelant un épi, et captivant l'attention par une
expression quasi humaine. *Tête.* — Arrondi et couvert de poils grossiers et
rugueux, un peu plus longs autour des yeux et sur le nez, les lèvres et les
joues. *Oreilles.* — Dressé lorsqu'il est tondu, semi-dressé lorsqu'il n'est pas
tondu. *Yeux.* — Très grande sans être aqueuse, ronde, presque noire ;
paupières bordées de noir ; des cils longs et noirs, laissant l'œil qu'ils
entourent parfaitement découvert. *Nez.* — Toujours noir, court, entouré de
poils convergeant vers le haut et allant à la rencontre de ceux qui entourent
les yeux ; la cassure (ou stop dans le nez) prononcée, mais pas exagérée.
*Lèvres.* — Bordé de noir, garni de moustaches ; un peu de noir dans la
moustache n'est pas un défaut. *Menton.* — Proéminent, sans montrer les
dents, et bordé d'une petite barbe. *Poitrine.* — Plutôt large. *Jambes.* — Aussi
droit que possible, de longueur moyenne. *Queue.* — Vers le haut, et coupé
aux deux tiers. *Couleur* . - Rouge. *Texture du manteau.* —Dur et nerveux, plutôt
long. *Poids.* — Poids léger 5 livres. maximum et poids lourd 9 livres. le
maximum. *Défauts.* — Truffe brune, yeux pâles , touffe soyeuse sur la tête,
tache blanche sur la poitrine ou la patte.

ÉCHELLE DE POINTS.

| Manteau dur | 15 | Jambes et corps | 5 |
|---|---|---|---|
| Couleur rougeâtre | dix | Hauteur et taille | 3 |
| Yeux | 7 | Apparence générale | dix |
| Nez et museau | 7 | | ———— |
| Oreilles | 3 | TOTAL | 60 |

Le Brussels Griffon Club de Londres (Secrétaire, Miss AF Hall, 2, Park Place
Villas, Maida Hill, Londres, W.) offre pratiquement le même niveau, mais
disqualifie un nez brun, des cheveux blancs et une langue pendante, tandis
que, comme les défauts qu'il cite sont les yeux clairs, les cheveux soyeux sur
la tête, les ongles bruns et les dents visibles ; et sa description du pelage
typique est la suivante : — Texture du pelage dur et raide, irrégulière, plutôt
longue et épaisse.

**Schipperkes.** — La description du Schipperke adoptée lors d'une assemblée générale du Schipperke Club belge, le 19 juin 1888, a été adoptée par le St. Hubert Schipperke Club et est protégée par le droit d'auteur. Le Schipperke Club, Angleterre, propose l'échelle de points suivante, et le secrétaire est GH Killick, Esq., Moor House, Chorley, Lancashire.

*Tête.* — De type Foxy ; le crâne ne doit pas être rond, mais large et avec peu de « stop ». Le museau doit être de longueur modérée ; bien, mais pas faible ; doit être bien rempli sous les yeux. *Nez.* — Noir et petit. *Yeux.* — Brun foncé, petit, plus ovale que rond et non plein ; lumineux et plein d'expression. *Oreilles.* — Forme : De longueur moyenne, pas trop large à la base, se rétrécissant en pointe. Chariot : Rigidement dressé et, dans cette position, le bord intérieur forme aussi près que possible un angle droit avec le crâne, et suffisamment solide pour ne pas être plié autrement que dans le sens de la longueur. *Dents.* — Fort et de niveau. *Cou.* — Fort et plein, plutôt court, large sur les épaules et légèrement cambré. *Épaules.* — Musclé et incliné. *Poitrine.* — Poitrine large et profonde. *Dos.* — Court, droit et fort. *Lombes.* — Puissant, bien dressé dès la poitrine. *Pattes antérieures.* — Parfaitement droit, bien sous le corps, avec une ossature proportionnelle au corps. *Pattes postérieures.* — Fort, musclé ; jarrets bien descendus. *Pieds.* — Petit, semblable à un chat et bien debout sur les orteils. *Clous.* - Noir. *Postérieur.* — Fin par rapport aux parties antérieures ; cuisses musclées et bien développées; sans queue; croupe bien arrondie. *Manteau.* — Noir, abondant, dense et dur, lisse sur la tête, les oreilles et les pattes ; couché près du dos et des côtés, mais dressé et épais autour du cou, formant une crinière et un volant, et bien garni de plumes sur l'arrière des cuisses. *Poids.* — Environ 12 livres. *Apparence générale.* —Un petit animal trapu , à l'expression acérée, intensément vif, présentant l'apparence d'être toujours en alerte. *Points disqualifiants* . — Oreilles tombantes ou semi-dressées. *Défauts.* — Les cheveux blancs sont contestés, mais ne sont pas disqualifiants.

VALEUR RELATIVE DES POINTS.

| Tête, nez, yeux et dents | 20 | Pieds | 5 |
|---|---|---|---|
| Oreilles | dix | Membres postérieurs | dix |
| Cou, épaules et poitrine | dix | Manteau et couleur | 20 |
| Dos et reins | 5 | Apparence générale | dix |
| Pattes antérieures | 5 | | —— |

| Pattes postérieures | 5 | TOTAL | 100 |

Le standard du St. Hubert Schipperke Club est pratiquement identique à celui du Schipperke Club, Angleterre, la seule variation concerne les limites de poids, que ce club fixe cependant également à un maximum de 12 livres. pour les chiens de petite taille, alors qu'il attribue 30 points au pelage et à la couleur , et aucun à l'apparence générale. Ils ont également le Northern Schipperke Club. L'hon. Secrétaire, TW Markland, Ingersley , Links Gate, St. Anne's-on-the-Sea.

**Carlins.** — Points standards et reconnus :

LE STANDARD.

| Symétrie | dix | Masque | 5 |
|---|---|---|---|
| Taille | 5 | Les rides | ·5 |
| Condition | 5 | Queue | 5 |
| Corps | dix | Tracer | 5 |
| Jambes | 5 | Manteau | 5 |
| Pieds | 5 | Couleur | 5 |
| Tête | 5 | Transport général | 5 |
| Museau | 5 | | ——— |
| Oreilles | 5 | TOTAL | 100 |
| Yeux | dix | | |

**CARLIN NOIR. " Larchmoor Peter Pan", propriété de Mme Lyle.**



*Symétrie.* — Symétrie et aspect général, résolument carrés et cobby . Un carlin maigre aux longues jambes et un chien aux pattes courtes et au corps long sont tout aussi répréhensibles. *Taille et état.* — Le carlin doit être *multum in parvo* , mais cette condensation (si l'on peut utiliser le mot) doit se manifester par une forme compacte, des proportions bien tricotées et la dureté des muscles développés. Poids à partir de 13 livres. à 17 lbs, chien ou chienne. *Corps.* — Court et trapu , large à la poitrine et bien côtelé. *Jambes.* — Très fort, droit, de longueur moyenne et bien en dessous. *Pieds.* — Ni aussi longue que la patte du lièvre, ni aussi ronde que celle du chat ; les orteils bien fendus et l'ongle noir. *Museau.* — Court, brutal, carré, mais pas visible. *Tête.* — Grand, massif, rond, sans pomme, sans échancrure du crâne. *Yeux.* — De couleur foncée , très grande, audacieuse et proéminente, de forme globulaire, d'expression douce et soucieuse, très brillante et, lorsqu'elle est excitée, pleine de feu. *Oreille.* — Mince, petit, doux, comme du velours noir. Il en existe deux sortes, la « rose » et le « bouton ». La préférence est donnée à ces derniers. *Marquages.* - Clairement défini. Le museau ou le masque, les oreilles, les grains de beauté sur les joues, la marque du pouce ou le diamant sur le front, la trace du dos doivent être aussi noirs que possible. *Masque.* — Le masque doit être noir. Plus c'est intense et bien défini, mieux c'est. *Les rides.* — Grand et profond. *Tracer.* — Une ligne noire s'étendant de l'occiput à la queue. *Queue.* — Enroulé le plus étroitement possible sur la hanche. La double boucle est la perfection. *Manteau.* — Fin, lisse, doux, court et brillant, ni dur ni laineux. *Couleur* . — Argenté ou fauve abricot. Chacun doit être décidé, pour que le contraste soit complet entre la couleur et le masque et le tracé. *NB* — Les pointes des carlins noirs, sauf quant à la couleur , sont les mêmes que celles des faons. Le London and Provincial Pug Club. Secrétaire, J. Fabian, 460, Camden Road, Londres, N.

**jouets** . — POINTS DES BOULEDOGUES JOUETS. — L'apparence générale du bouledogue jouet doit, autant que possible, ressembler à celle du gros bouledogue. Le crâne doit être large, le front plat, la peau autour bien ridée, le "stop" large et profond, s'étendant jusqu'au milieu du front. Yeux de taille moyenne, situés bas sur le crâne et aussi écartés que possible. Les oreilles doivent être « roses », si possible ; Les oreilles « tulipes » sont autorisées, mais ne doivent pas être encouragées ; Les oreilles en forme de « bouton » ou de terrier sont un défaut évident. Visage le plus court possible, nez noir de jais, profondément en retrait, presque entre les yeux. Le museau doit être court, large et tourné vers le haut. La mâchoire inférieure doit faire saillie considérablement devant la mâchoire supérieure et se relever. Les dents ne doivent pas être montrées. Le cou doit être court, avec une peau très lâche. " Frogginess " est répréhensible. La poitrine doit être très large, ronde et profonde. Dos court et fort, étroit vers les reins et large au niveau des épaules. Un retour de cafard est souhaitable. Queue courte et non portée au-dessus du dos. Les pattes antérieures doivent être courtes proportionnellement aux pattes postérieures. Les membres postérieurs sont beaucoup plus légers que les membres antérieurs. Le poids le plus souhaitable est inférieur à 20 livres, et les chiens et chiennes qui dépassent 22 livres. devrait être disqualifié. Le club des bouledogues miniatures. Secrétaire, Mlle A. Bruce, 42, Hill Street, Berkeley Square, Londres, W.

ÉCHELLE DE POINTS.

| Aspect général et caractère | dix | Queue | 5 |
|---|---|---|---|
| Tête | 15 | Jambes | 15 |
| Oreilles | 15 | Poitrine | dix |
| Corps | dix | | —— |
| Taille et poids | 20 | TOTAL | 100 |

**BOULEDOGUE JOUET FRANÇAIS. " Barkston Billie", propriété de Mme Townsend Green.**

Description et points du Bouledogue Français Toy. - *Apparence générale.* — Le bouledogue français doit avoir l'apparence d'un chien actif, intelligent et très musclé, de corpulence trapue et lourd en os pour sa taille. *La tête* est de grande importance, grande et carrée. Front presque plat, muscles de la joue bien développés, mais peu saillants. Le « stop » doit être aussi profond que possible. La peau de la tête ne doit pas être tendue et le front doit être bien ridé. Le museau doit être court, large, tourné vers le haut et très profond. La mâchoire inférieure doit faire saillie considérablement devant la mâchoire supérieure et doit se relever, mais ne doit pas montrer les dents. *Les yeux* doivent être de taille moyenne et de couleur foncée . Aucun blanc ne doit être visible lorsque le chien regarde droit devant lui. Ils doivent être placés bas et bien espacés. *Le nez* doit être noir et large. *Oreilles.* — Les oreilles de chauve-souris doivent être de taille moyenne, grandes à la base et arrondies aux extrémités. Ils doivent être placés haut sur la tête et portés droit. L'orifice de l'oreille est tourné vers l'avant et la peau doit être fine et douce au toucher. *Le cou* doit être épais, court et bien cambré. *Le corps.* — La poitrine doit être large et bien descendue entre les jambes, et les côtes bien cintrées. Le corps est court et musclé, et bien découpé. Le dos doit être large au niveau des épaules, se rétrécissant vers les reins, de préférence bien arrondi. *La queue* doit être attachée bas et courte, épaisse à la racine, se rétrécissant en pointe et ne doit pas être portée au-dessus du niveau du dos. *Jambes.* — Les pattes antérieures doivent être courtes, droites et musclées. L'arrière-train, bien que fort, doit être plus léger proportionnellement à l'avant-train. Jarrets bien descendus. *Les pieds* doivent être compacts et forts. *Le pelage* doit être de densité moyenne : la couleur noire est très indésirable. Leur Club est le Bouledogue Société Française . Secrétaire, F. Everard, 11, Milk Street, Londres, CE

## ÉCHELLE DE POINTS.

| | | | |
|---|---|---|---|
| Aspect général et caractère | 15 | Oreilles (chauve-souris) | dix |
| Crâne | 15 | Jambes | 5 |
| Sous la mâchoire (points particuliers pour) | dix | Poitrine | 5 |
| Poids [3] | 20 | | — |
| | | | — |
| Corps | 15 | Total | 100 |
| Queue | 5 | | |

[3] Aucun chien ne peut gagner le maximum de points à moins de moins de 22 lbs. *Poids.* — Lorsque trois classes sont proposées, les poids doivent être les suivants : (1) Moins de 20 livres ; (2) 20 livres. et moins de 24 livres ; (3) 24 livres. et moins de 28 livres.
Lorsque seulement deux classes sont proposées, les poids doivent être les suivants : (1) Moins de 24 lb ; (2) 24 livres, sans dépasser 28 livres. Ces poids sont sujets à modification.

*Yorkshire Terrier.* — Points du Yorkshire Terrier, tels qu'établis par le Yorkshire Terrier Club. Secrétaire, MFW Randall, "The Clone", Hampton-on-Thames. Apparence *générale* . — Doit être celui d'un chien de compagnie à poil long, le pelage tombant assez droit et uniformément de chaque côté, une raie s'étendant du nez jusqu'au bout de la queue. L'animal doit être très compact et soigné, le transport étant très droit et ayant un air important. Bien que la charpente soit cachée sous une chevelure, la silhouette générale doit être telle qu'elle suggère l'existence d'un corps vigoureux et bien proportionné. *Tête.* — Doit être plutôt petit et plat, ni trop saillant ni rond dans le crâne, ni trop long dans le museau, avec une truffe parfaitement noire. La chute sur la tête doit être longue, d'un riche bronzage doré, de couleur plus foncée sur les côtés de la tête autour des racines des oreilles, et sur le museau, où elle doit être très longue. Les cheveux sur la poitrine sont d'un bronzage riche et brillant. En aucun cas le bronzage de la tête ne doit s'étendre jusqu'au cou, et il ne doit pas non plus y avoir de cheveux fuligineuses ou foncés mêlés au bronzage. *Yeux.* — Moyen, sombre et pétillant, ayant une expression vive et intelligente, et placé de manière à regarder directement vers l'avant. Elles ne doivent pas être proéminentes et le bord des paupières doit être de couleur foncée . *Oreilles.* — Petit en forme de V, porté semi-dressé ou dressé, couvert de poils courts, de couleur bronzage très profond et riche. *Bouche.* — Parfaitement uniformes, avec des dents aussi saines que possible. Un animal ayant perdu des dents par accident n'est pas une faute, à condition que les mâchoires soient égales. *Corps.* — Très compact et bon rein. Niveau en haut du dos. *Manteau.* — Les poils du corps aussi longs que possible, parfaitement droits (non ondulés), brillants comme de la soie et d'une texture fine et soyeuse. Couleur , un bleu acier foncé ( et non bleu argenté ) s'étendant de l'occiput (ou arrière du crâne) jusqu'à la racine de la queue, et en aucun cas mêlé de poils fauves, bronze ou foncés. *Jambes.* — Bien droit, bien couvert de poils d'un riche bronzage doré, quelques nuances plus claires aux extrémités qu'à la racine, ne s'étendant pas plus haut sur les pattes antérieures que le coude, ni sur les pattes postérieures que le grasset. *Pieds.* — Le plus rond possible et les ongles des pieds noirs. *Queue.* — Couper à longueur moyenne ; avec beaucoup de poils, de couleur bleu plus foncé que le reste du corps, surtout au bout de la queue, et portés un peu plus haut que le niveau du dos. *Bronzer.* — Tous les cheveux bronzés doivent être plus foncés à la racine qu'au milieu, et devenir un bronzage encore plus clair aux pointes. *Poids.* — Trois classes : 5 lbs. et sous; 7 livres. et moins, mais plus de 5 livres ; plus de 7 livres.

**Yorkshire "argenté"** . — Points identiques à ceux du Standard Yorkshire, tels que décrits ci-dessus, sauf la coloration qui doit être la suivante : *Dos.* - Argent. *Tête.* — Couleur beige pâle ou paille . *Museau et pattes.* - Bronzage léger. *Oreilles.* — Un bronzage plus foncé.


VALEUR DES POINTS DANS LE JUGEMENT.

| Quantité et longueur du poil | 15 | Jambes et pieds | 5 |
|---|---|---|---|
| Qualité et texture du pelage | dix | Queue (port de) | 5 |
| Richesse du bronzage sur la tête et les jambes | 15 | Bouche | 5 |
| Couleur des cheveux sur le corps | 15 | Formation et aspect général | dix |
| Tête | dix | | — — |
| Yeux | 5 | TOTAL | 100 |
| Oreilles | 5 | | |

**italiens .** — Le lévrier italien est un peu plus plein en proportion que le lévrier anglais et le nez est un peu plus court. Par ailleurs, ce beau chien suit le plus fidèlement possible les lignes de son prototype, en tenant compte des différences de taille. La couleur la plus prisée est le fauve doré, puis le fauve crème ou bleu, suivi des rouges et des blancs ; les mélanges ne sont pas considérés comme souhaitables. Le pelage doit être très fin, doux et brillant. La meilleure taille est celle d'un chien d'environ 8 livres. poids.— Tiré de "Modern Dogs" de Rawdon Lee. L'hon. Secrétaire du Club, Mme Scarlett, Went House, West Malling , Kent.

**Maltais.** — C'est probablement le plus ancien des chiens jouets, ayant été très apprécié par les dames de la Grèce antique et sans doute par d'autres nations en même temps. Le pelage est très long, droit et soyeux (chez les spécimens de premier ordre balayant le sol), totalement exempt de laine et de la moindre boucle. Couleur , blanc pur. Le nez doit être noir, tout comme le toit de la bouche. Oreilles moyennement longues, les poils se mêlant à ceux du cou. Queue courte et bien garnie, enroulée étroitement sur le dos. La taille ne doit pas dépasser 5 livres. ou 6 livres, le plus petit sera le mieux, les autres points étant corrects . — « Modern Dogs » de Rawdon Lee. Ils ont le Maltese Club de Londres. L'hon. Secrétaire, Arthur Stevenson, 52, Holloway Road, N.

**Caniches.** — Points du caniche noir parfait, tels que définis par le Poodle Club. Secrétaire, M. LW Crouch, The Orchard, Swanley Village, Kent. Apparence *générale* . — Celui d'un chien très actif, intelligent et élégant, bien bâti et se portant très fièrement. *Tête.* — Long, droit et fin, le crâne peu large, avec une légère pointe à l'arrière. *Museau.* — Long (mais pas pointu) et fort ; pas plein de joues; dents blanches, fortes et de niveau ; gencives noires; lèvres noires et ne montrant pas de lèvres. *Yeux.* — En forme d'amande, très sombre, pleine de feu et d'intelligence. *Nez.* — Noir et pointu. *Oreilles.* — Le cuir est long et large, attaché bas, pendant près du visage. *Cou.* — Bien proportionné et fort, pour permettre de porter la tête haute et digne. *Épaules.* — Fort et musclé, bien incliné vers l'arrière. *Poitrine.* — Profond et moyennement large. *Dos.* — Courts, forts et légèrement creusés, les reins larges et musclés, les côtes bien cintrées et renforcées. *Pieds.* — Assez petits et de bonne forme, les doigts bien cambrés, les coussinets épais et durs.

**CANICHES. Photo de JJ Gibson, Penge. Champion "Orchard Admiral" et "L'Enfant Prodigue ", propriété de Mme Croupton.**

*Jambes.* — Antérieur placé droit à partir de l'épaule, avec beaucoup d'os et de muscles ; pattes postérieures très musclées et bien fléchies, avec les jarrets bien descendus. *Queue.* — Attachés assez haut, bien portés, jamais frisés ni portés sur le dos. *Manteau.* — Très abondant et de bonne texture dure ; s'il est filaire, suspendu avec des cordons serrés et uniformes ; si elles ne sont pas cordées, très épaisses et résistantes, de même longueur, les boucles sont serrées et épaisses, sans nœuds ni cordons. *Couleurs.* — Tout noir, tout blanc, tout rouge, tout bleu. Le caniche blanc doit avoir les yeux foncés, le nez, les lèvres et les ongles des pieds noirs ou très foncés. Le caniche roux doit avoir les yeux ambrés foncés, le nez, les lèvres et les ongles des pieds foncés. Le caniche bleu doit être de couleur uniforme et avoir les yeux, les lèvres et les ongles des pieds foncés. Tous les autres points des caniches blancs, rouges et bleus doivent être les mêmes que chez le caniche noir parfait. *NB* — Il est fortement recommandé de tondre ou de raser seulement un tiers du corps et de laisser les poils du front en place.

Également pris en charge par le Curly Poodle Club, l'hon. Secrétaire, Mlle F. Brunker , Whippendell House, King's Langley, Herts.

VALEUR DES POINTS.

| | | | |
|---|---|---|---|
| Aspect général et mouvement | 15 | Jambes et pieds | dix |
| Tête et oreilles | 15 | Robe, couleur et texture du pelage | 15 |
| Yeux et expression | dix | Os, muscles et état | dix |
| Cou et épaules | dix | | — — |
| Forme du corps, du rein, du dos et du port de la poupe | 15 | TOTAL | 100 |

**Le Terrier noir et feu .** — Points et standard, tels que attribués par le Black-and-Tan Terrier Club. Secrétaire, MSJ Atkinson, 184, Adelaide Road, Londres, NW *Head.* — Long, plat et étroit, plat et en forme de coin, sans montrer les muscles des joues, bien rempli sous les yeux, avec des mâchoires effilées aux lèvres serrées et des dents horizontales. *Yeux.* — Très petites, scintillantes et sombres, assez rapprochées et de forme oblongue. *Nez.* - Noir. *Oreilles.* — Petit et en forme de V, pendant près de la tête au-dessus de l'œil. *Cou et épaules.* — Le cou doit être assez long et effilé des épaules jusqu'à la tête, avec des épaules inclinées, le cou étant exempt de gorge et légèrement cambré à l'occiput. *Poitrine.* — Étroit, mais profond. *Corps.* — Modérément court et recourbé vers le haut au niveau du rein ; côtes bien cintrées ; dos légèrement cambré au niveau du rein, et retombant à la jonction de la queue à la même hauteur que les épaules. *Jambes.* — Doit être bien droit, bien attaché sous le chien et d'assez longue longueur. *Pieds.* — Plus enclin à être un chat qu'un lièvre. *Queue.* — De longueur moyenne, et placé là où se termine la cambrure du dos, épais là où il rejoint le corps, se rétrécissant en pointe, et non porté plus haut que le dos. *Manteau.* — Fermes, lisses, courtes et brillantes. *Couleur.* — Noir de jais et bronzage riche en acajou, répartis sur le corps comme suit : Sur la tête, le museau est bronzé jusqu'au nez qui, avec l'os nasal, est noir de jais ; il y a aussi une tache bronzée brillante sur chaque joue et au-dessus de chaque œil ; le dessous de la mâchoire et la gorge sont bronzés et les poils à l'intérieur de l'oreille sont de la même couleur . Les pattes antérieures sont bronzées jusqu'au genou, avec des lignes noires (marques de crayon) sur chaque orteil et une marque noire (marque du pouce) au-dessus du pied. L'intérieur des pattes postérieures est tannée, mais divisé en noir au niveau de l'articulation du jarret, et sous la queue également tannée, tout comme l'évent, mais seulement suffisamment pour être facilement recouvert par la queue ; également légèrement bronzé de chaque côté de la poitrine. Bronzage à l'extérieur des membres postérieurs, communément appelé « culasse », un défaut grave. Dans tous les cas, le noir ne doit pas se fondre dans le beige, ou *vice versa* , mais la division entre les deux couleurs doit être bien définie. Apparence *générale* . — Un terrier, calculé pour prendre sa part dans la fosse aux rats, et non du type whippet. *Poids (pour les jouets )*. — Ne dépassant pas 7 livres.

ÉCHELLE DE POINTS.

| Tête | 20 | Corps | dix |
|---|---|---|---|
| Yeux | dix | Queue | 5 |
| Oreilles | 5 | Couleur et marquages | 15 |
| Jambes | dix | Aspect général (y compris la qualité du terrier) | <u>15</u> |
| Pieds | dix | TOTAL | 100 |

**PÉKINAIS. "Yen Chu de Newnham" appartenant à Mme WH Herbert.**

**Épagneuls japonais et pékinois .** — Points de l'épagneul japonais, tels qu'énoncés par le Club japonais et pékinois. Ce club est maintenant divisé en Club Chin japonais et Club Pékinois, le secrétaire des deux étant M. ET Cox, 65 et 66, Chancery Lane, Londres, apparence *générale EC* . — Celui d'un petit chien vif, de grande race, d'apparence délicate, au port élégant et compact et au poil abondant. Ces chiens doivent être essentiellement élégants dans leurs mouvements, levant les pieds haut lorsqu'ils sont en mouvement, portant la queue (qui est fortement emplumée) fièrement courbée ou emplumée sur le dos. Leur taille varie considérablement, mais plus ils sont petits, mieux c'est, à condition que le type et la qualité ne soient pas sacrifiés. Lorsqu'ils sont divisés par poids, les cours doivent être destinés à moins et plus de 7 livres. *Manteau.* — Le poil doit être long, abondant et droit, exempt de boucles ou de vagues et pas trop plat ; il doit avoir tendance à ressortir, plus particulièrement au niveau du volant, avec des plumes abondantes sur la queue et les cuisses. *Couleur.* — Les chiens doivent être soit noirs et blancs, soit rouges et blancs , *c'est -à -*dire particolores . Le terme « rouge » inclut toutes les nuances de zibeline, bringé, citron et orange, mais plus le rouge est brillant et clair, mieux c'est. Le blanc doit être blanc clair et la couleur , qu'elle soit noire ou rouge, doit être répartie uniformément sur le corps, les joues et les oreilles. *Tête.* — Doit être grand pour la taille du chien, avec un crâne large et arrondi sur le devant ; yeux grands, sombres, bien écartés ; museau très court et large, et bien rembourré , *c'est-à-dire* les lèvres supérieures arrondies de chaque côté des narines, qui doivent être grandes et noires, sauf dans le cas des chiens rouges et blancs, lorsqu'un nez de couleur brune est aussi commun comme un noir. *Oreilles.* — Doit être petit, bien écarté et haut sur la tête du chien, et porté légèrement vers l'avant, en forme de V. *Corps.* — Doit être de construction carrée et compacte, large de poitrine et de forme « cobby ». La longueur du corps du chien doit correspondre à sa hauteur. *Jambes et pieds.* — Les jambes doivent être droites et l'os fin ; les pieds doivent être longs et en forme de lièvre. Les pattes doivent être bien garnies jusqu'aux pieds des pattes avant et aux cuisses derrière. Les pieds doivent également être emplumés.

Les points des Pékinois (tels que donnés par le même club). Apparence *générale* . — Celui d'un petit chien pittoresque et intelligent, de corps plutôt long, avec une poitrine lourde devant et des pattes arquées, *c'est-à-dire* très écartées au niveau des coudes, le corps retombant plus léger derrière. La queue doit être portée en courbe sur le dos de l'animal, mais pas trop serrée. La taille de ces chiens varie beaucoup, mais plus ils sont petits, mieux c'est, à condition de ne pas sacrifier leur type et leurs points. Lorsqu'ils sont divisés par poids, les cours doivent concerner moins de 10 livres. et plus de 10 livres. *Jambes.* — Doit être court et assez lourd en os, mais sans être extravagant, car la grossièreté doit être évitée en tous points ; ils doivent être bien écartés au niveau des coudes et les pieds tournés également vers l'extérieur. Les pattes et les pieds doivent être emplumés. *Tête.* — Doit être de taille moyenne, avec un crâne large, plat entre les oreilles, mais arrondi sur le front, un museau très court ( *non* suspendu) et très large. Le visage doit être ridé et les narines noires et pleines. Yeux grands et brillants ; oreilles placées haut dans la tête et en forme de V ; ils doivent être de taille modérée (les pointes ne descendent jamais au-dessous du museau) et doivent être recouverts de poils longs et soyeux, qui s'étendent bien au-dessous du cuir de l'oreille proprement dite. *Couleur.* — Ces chiens doivent être soit roux, fauves, sables ou bringés, avec des masques, des nuances de visage et d'oreilles noirs, ou bien tous noirs. Les taches blanches sur les pieds ou la poitrine, même si elles ne constituent pas une disqualification, ne doivent pas être encouragées. *Manteau.* — Doit être long, plat et plutôt soyeux, sauf au niveau du volant où il doit ressortir, comme une crinière de lion. Les plumes des cuisses et de la queue doivent être très abondantes et il est préférable qu'elles soient d'une couleur plus claire que le reste de la robe.

Il existe également la Pekin Palace Dog Association. Secrétaire, Miss LC Smythe, 115, Delaware Mansions, Sutherland Avenue, Londres, W.

Certains autres clubs sont les suivants (mais il est dans bien des cas habituel de changer de secrétaire chaque année, de sorte que ces adresses ne sont pas toutes permanentes, même si les lettres trouvent généralement leur marque) :

Halifax and District Yorkshire Terrier Club (secrétaire, T. Whiteley , 10, High Street, Halifax).

Manchester and District Yorkshire Terrier Club (secrétaire, J. Hardman, 9, Richmond Street, Newton Heath, Manchester).

Oldham Toy Dog Society (secrétaire honoraire, AE Stansfield, 209, Park Road, Oldham).

Yorkshire Pom Club (secrétaire honoraire, E. Poppleton, 1, Clarendon Street, Wakefield).

Toy Dog Society of Scotland (secrétaire, James Cameron, 61, Lothian Road, Édimbourg).

Club de chiens jouets du nord de l'Angleterre (secrétaire, R. Weatherhead , 14 ans, Arctic Parade, Great Horton, Bradford).

Toy Dog Society (secrétaire, ET Cox, 65 et 66, Chancery Lane, EC).

9 789359 254098